JN021215

汪金芳

小野陽子
小泉和之
田栗正隆
土屋隆裕
藤田慎也 著

克弱
服点

大学生の
統計学

東京図書

まえがき

　世界ではデジタル化とグローバル化が不可逆的に進んでいる．言語データや画像データ，音声データ，購買データ，履歴データを含む様々な形のデータがかつて経験したことのない速度と量で毎日蓄積され続けている．これらのデータは 21 世紀の石油とも言われている．データサイエンスや AI は，テレビや新聞でも見ない日がないほど，空前のブームである．価値創造を目的とするデータサイエンスは新しい学問領域であり，その習得には各々の応用文脈におけるドメイン知識の獲得が必要不可欠であり，さらにはビジネスや行政の問題を正しく捉えることも要求される．したがって，最終的な意思決定をもたらすためには，得られたデータの適切な方法による解析や，得られた結果の正しい解釈が極めて重要である．

　データ解析は探索的なアプローチと推測的なアプローチに大別される．これらのアプローチは従来の統計学という学問分野で研究されてきており，それぞれ「記述統計学」と「推測統計学」の名前で呼ばれている．今日のビッグデータ解析には深層学習に代表されるアルゴリズム指向型の方法も有効であることが知られている．多くの中間層を含むニューラルネットワークに基づく深層学習の手法は，画像認識や自然言語処理において極めて有用である一方，アルゴリズムの複雑性のため，結果の正当性の説明が困難な場合も多い．

　本書は医学研究やビジネスの課題解決，根拠に基づく政策決定などに関わる全ての方，及び，しっかり統計学の基本を身につけたい方のための問題集である．統計学はデータサインスの中核をなす学問である．本書の内容は，「大学教育の分野別質保証のための教育課程編成上の参照基準 統計学分野」や，一般財団法人統計質保証推進協会が実施する統計検定「2 級」（及び「準 1 級」の一部）の範囲を参考にして，構成した．統計学の基本的な内容を独学で学ぶ方や，統計学やデータサイエンス関連の大学基礎科目レベルの講義の際の参考資料として使うことも想定される．

　文理問わずなるべく広範の方々に利用していただくために，本書はできるだけ標準的な問題を選び，解説と解答を作成した．なるべく高等学校における数学のレベルを超えない範囲で解説と解答を作成した．記述的データ解析などの問題に

関しては，可能な範囲で「生」データを用いることにした．一部の問題は，積分における変数変換や部分積分の知識も含まれる．また 2 変数以上の確率変数や確率分布に関する一部の問題は 2 次の正方行列などの知識も必要とされるが，学習の目的によってはこれらの問題を飛ばしても差し支えない．

　本書の企画と編集の過程において，東京図書のみなさんには大変お世話になった．原稿の再三の遅れにも関わらず辛抱強く対応いただき，深く感謝の意を表したい．

2020 年 2 月

著者代表　汪 金芳

★問題の頁数のあとのマス目は，自分の理解の度合いを記入しておくのにご利用ください.

Chapter **3**　多次元確率変数　**69**

Chapter **9**　ソフトウェアの使用　**197**

■カバー・表紙デザイン 高橋敦

Chapter 1

記述的データ解析

統計学は伝統的に「記述統計学」と「推測統計学」に大別される．記述統計学では，生データの代わりに，代表値やばらつきなどの要約統計量を求めたり，ヒストグラムや散布図などを描いたりして，手元のデータの特徴を捉えようとしている．データの量が増えても，記述統計学の考え方や手法は依然として有効である．

一方，推測統計学では，確率モデルに基づいて，母集団についての考察を確率モデルに含まれる未知のパラメータ（母数）の推定の問題に置き換える．Chapter 2 以降は主として推測統計学に関する問題と解説である．

| 問題 | 01 | ドットプロット | 標準 |

次のドットプロットはある地域の1つの家庭における電話の所有台数を表している.

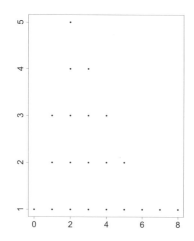

次の記述の中から正しいものを選べ.

(A) 分布は右に歪んでいて，また，外れ値はない.

(B) 分布は右に歪んでいて，1つの外れ値がある.

(C) 分布は左に歪んでいて，また，外れ値はない.

(D) 分布は左に歪んでいて，1つの外れ値がある.

(E) 分布は対称である.

解 説 **ドットプロット：** ドットプロットは，ドット（点）を用いて作られるグラフであり，いくつかのカテゴリあるいはグループ内の計数の頻度を比較するのに用いるグラフである．ドットプロットは次のように解釈される.

- 1つのドットはデータの中の1つの観測値を表している.
- ドットは1つのカテゴリに対して1つの柱に積み上げられ，したがって柱の高さはそのカテゴリにおける観測値の相対頻度あるいは絶対頻度を表している.
- ドットプロットに現れるデータのパターンについて，対称性や歪度で記述できるのは，カテゴリが量的な場合に限る．ドットプロットは多くの場合，質的なカテゴリをもつデータに対して適用される．カテゴリが順序を持たない場合，ドットプロットはデータの対称性や歪度を記述することはできない.

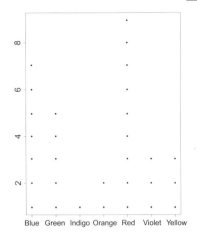

30 人の大学生の好きな色のドットプロット

データの他のグラフ表示に比べて，ドットプロットは主に標本数の少ないデータや個数の限られているカテゴリをもつデータの頻度を表すのに用いられる．

ドットプロットの例を見てみよう．ドットプロットはどんな形をしているか，またそれを如何に解釈すべきかに注意を払う．30 人の大学生に好きな色を選んでもらうことを考える．彼らの選択の結果が上のようなドットプロットで要約されている．

1 つのドットが 1 人の学生を表していて，1 つの柱にあるドットの数はその柱に対応する色を選んだ学生の人数を表している．たとえば，赤が最も人気があって（9 人に選ばれている），続いて青も比較的人気がある（7 人に選ばれている）．1 回しか選ばれてないインジゴが最も不人気な色である．この例ではカテゴリ（色）が質的変数であるため，このドットプロットに対して対称性や歪度などを議論することは不適切である．

解 答

正解は (A) である．多くの観測値が分布の左に位置するため，この分布は右に歪んでいる．また異常な値はないため，外れ値はない．

| 問題 | 02 | 棒グラフ | | 標準 |

下の表は，2004 年と 1999 年の欧州議会選挙結果を表したものである．数字は各政党が獲得した議席数である．1999 年の総議席数は少ないので，1.16933 倍して，2004 年のときと総議席数が同じになるようにしてある．

2004 年と 1999 年の欧州議会選挙結果

政党	議席数 (2004)	議席数 (1999)
EUL	39	49
PES	200	210
EFA	42	56
EDD	15	19
ELDR	67	60
EPP	276	272
UEN	27	36
その他	66	29

(1) 2004 年と 1999 年の議席数の相関係数を計算せよ．また散布図を描け．
(2) 2004 年と 1999 年の選挙結果を棒グラフで表せ．またコメントせよ．

解説　ドットプロットと同様，棒グラフとヒストグラムも異なるグループのサイズを比較するのに使われるグラフである．

棒グラフ：棒グラフ（bar chart）は，長方形の棒の長さで何らかの値を表現するグラフである．棒グラフは 2 つ以上の値を比較するのに使われる．棒の延びる方向は垂直方向の場合と水平方向の場合がある．

棒グラフを作成するときの注意として次の 2 点が挙げられる．

- 縦軸のタイトル（および単位）を必ずつけること．
- 縦軸は原点を 0 にすること．

棒グラフは比較的簡単なグラフであり，次のように情報を読み取る．

- 長方形の棒はカテゴリー変数を代表するラベルの上に立てられる．
- 棒の高さは棒に対応するラベルが定義するグループの大きさを表している．

相関係数については，問題 68 を参照．

解 答

(1) 2004 年と 1999 年の議席数の相関係数は約 0.985 で，非常に高いものとなっている．散布図は次の図の通りである．2 つの年に非常に高い相関をもつことから，1999 年の議席数から 2004 年の議席数を高い精度で予測できることがわかる．

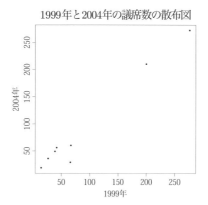

1999年と2004年の議席数の散布図

(2) 2004 年と 1999 年の欧州議会選挙結果を棒グラフにしたのが次の図である．棒グラフから 2 つの選挙時点での獲得議席数パターンが非常に似ていることがわかる．

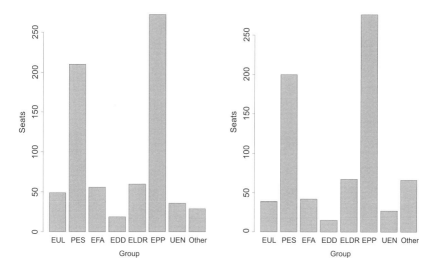

問題	03	グラフからデータの特徴を読む：中心とばらつき	標準

> [1]　データの中心の概念をヒストグラムを用いて説明せよ．また中心がゼロとなる擬似データを発生させ，ヒストグラムを作成せよ．
> [2]　データのばらつきの概念をヒストグラムを用いて説明せよ．またばらつきが大きいデータとばらつきが小さいデータを乱数により作成させ，ヒストグラムを作成せよ．

解 説　データの大まかなパターンや傾向を知るのに，データをグラフで表現することは大変有効である．データのグラフィカルな表現により，データの中心，ばらつき，形状と異常な特徴を視覚的に捉えやすい．1 次元データに対して，最も有効なグラフは**ヒストグラム**である．

　中心：グラフ的には，データの中心は分布の中央に位置する点である．この点の両側にほぼ半数の測定値が分布している．次の図では，それぞれの柱の高さは観測値が所定の区間における頻度を表している．このデータは原点を中心に分布している．

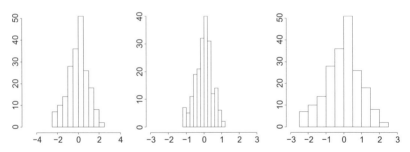

中心が原点(左)，ばらつきが小さいデータ(中)，ばらつきが大きいデータ(右) のヒストグラム

　ばらつき：分布のばらつき（散らばり）はデータの上下の変動の度合いを表す尺度である．データが広範囲に散らばっている場合，ばらつきが大きく（右図)，逆にデータがある値の周りに集中しているときは，ばらつきが小さい（中央図)．中央図では，データはおおよそ -1.5 から 1.5 の間に分布しているのに対して，右図では，データは -3.5 から 3.5 の間に分布している．したがって，右図における変動が大きいため，この分布のばらつきが大きい．

解 答

[1]　1 次元データ $x_1,\ldots,x_n$ が与えられたとき，標本平均 $\bar{x}=\dfrac{1}{n}\displaystyle\sum_{i=1}^{n}x_i$ はデータの中心を測る最も重要な指標である．中心を測るもう 1 つの重要な指標は中央値である．ほぼ

対称な分布において，平均と中央値はほぼ同じであり，ヒストグラムでは，円柱の面積が丁度右半分と左半分で分かれたところが中央値（平均）である．

Rを用いて標準正規分布から 100 個の擬似乱数を発生させ，ヒストグラムを描くには，次のようにすれば良い．こうして得られたのは下図左である．

```
x <- rnorm(100)
hist(x, main="中心が原点のデータのヒストグラム")
```

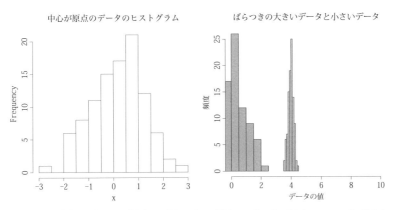

中心が原点のデータ（左），ばらつきが異なるデータ（右）のヒストグラム

2　1 次元データ $x_1, \ldots, x_n$ が与えられたとき，データのばらつきの表す最も重要な概念は標本分散 $S = \dfrac{1}{n} \displaystyle\sum_{i=1}^{n} (x_i - \bar{x})^2$ である．データをヒストグラムで表現したとき，ばらつきが大きいデータは広範囲に散らばっているのに対して，ばらつきが小さいデータは平均の周りに集中している．

次のようにして，Rで標準正規分布 $N(0,1)$ 及び $N(4, 0.2^2)$ からそれぞれ 100 個の擬似乱数を発生させ，ヒストグラムを描いたのが上図右である．

```
set.seed(314)
x <- hist(rnorm(100,mean=0, sd=1))  # 平均 0, 標準偏差 1
y <- hist(rnorm(100,mean=4, sd=0.2)) # 平均 4, 標準偏差 0.5
plot(x, col=rgb(0,0,1,1/4), xlim=c(0,10),
     xlab="データの値",ylab = "頻度",
     main="ばらつきの大きいデータと小さいデータ")
plot(y, col=rgb(1,0,0,1/4), xlim=c(0,10), add=T)
```

| 問題 | 04 | グラフからデータの特徴を読む：多峰分布・分布の歪み | 標準 |

$\boxed{1}$　単峰分布と二峰分布の概念を説明せよ．また擬似データを発生させ，二峰をもつヒストグラムを作成せよ．

$\boxed{2}$　次の表は 10 株の植物 x と植物 y の丈の長さを表したものである．

	1	2	3	4	5	6	7	8	9	10
x	2.4	6.5	3.3	3.6	5.3	4.3	3.6	5.0	6.2	1.5
y	10.9	10.4	3.1	8.7	7.5	7.9	3.7	9.5	15.2	10.5

(1) x,y の平均，及び 2 種類の植物を混合したときの全体の平均を計算し，またコメントせよ．

(2) x と y のヒストグラムを描け．

解 説　データの分布には様々な特徴がある．これらの特徴は分布の形にも表されている．

- **対称性**：対称分布は中心で分けることができ，一方がもう一方の鏡像のようになっている．
- **ピークの数**：分布は 1 つまたはいくつものピークを持つことがある．1 つのピークをもつ分布を**単峰分布**といい，2 つのピークをもつ分布を **2 峰分布**という．対称的分布が中心でピークをもつとき，この分布は**ベル型**という．
- **歪度**：グラフで表されるとき，分布は片方にもう片方に比べて多くの点をもつことがある．左側（すなわち，小さい方）に観測値が集まっている分布は，正の方向に歪んでいて，右に歪んでいるという．逆に右側（すなわち，大きい方）に観測値が集まっている分布は，負の方向に歪んでいて，左に歪んでいるという．

解 答

$\boxed{1}$　1 つのピークをもつ分布を単峰分布といい，2 つのピークをもつ分布を 2 峰分布という．2 峰分布は通常正規分布でない証拠であり，母集団がいくつかの部分母集団によって構成される可能性を示唆している．

　まず，R で擬似データを作るときには，次のように異なる平均をもつデータを別々に作る．

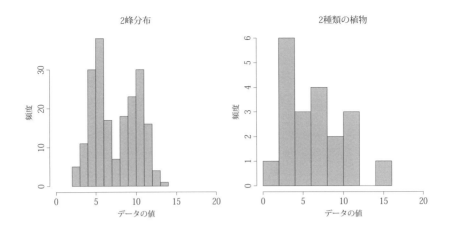

```
set.seed(314)
x <- rnorm(100,mean=5, sd=1)    # 平均 0，標準偏差 1
y <- rnorm(100,mean=10, sd=1.5)   # 平均 10，標準偏差 1.5
```

次に，異なるデータを合わせてヒストグラムを作ればよい（上図左）．

```
z <- hist(c(x,y))
plot(z, col=rgb(0,0,1,1/4), xlim=c(0,20),
    xlab="データの値",ylab = "頻度",
    main="2 峰分布")
```

2 　(1) x の平均は $\bar{x}=4.17$ と y の平均は $\bar{y}=8.74$ となる．2 種類の植物を混合したときの全体の平均は

$$\bar{z}=(4.17\times 10+8.74\times 10)/20=6.455$$

である．2 種類の植物の標本数が同じであることから，$\bar{z}$ は x と y の平均となる．$\bar{z}$ で植物の平均の推定値として使用するとき，丈の低い種類 (x) の過大な推定量となり，丈の高い種類 (y) の過小な推定量となることに注意する．

(2) x と y を合わせた全体のデータからなるヒストグラムを上図右で示す．データ数が少ないことから，はっきり 2 峰あるとは言い切れない．

問題	*05*	平均・中央値・箱ひげ図	標準

問題 65 の表の 15 人の学生におけるデータに基づいて，以下の問いに答えよ．

(1) 男子学生の身長の平均を求めよ．
(2) 男子学生の身長の中央値を求めよ．
(3) 女子学生の身長の平均を求めよ．
(4) 女子学生の身長の中央値を求めよ．
(5) 男子学生と女子学生の身長の箱ひげ図を描け．

解説 データの大まかな特徴を理解するのに，要約値を用いてデータの傾向やパターンを記述することがよく用いられる．最もよく用いられる要約値は中心的傾向を示す（**算術**）**平均値**と**中央値**である．平均値は，

$$\bar{x} = (x_1 + x_2 + \cdots + x_n)/n = n^{-1} \sum_{i=1}^{n} x_i$$

で計算され，高い値も低い値も全て「平等に」1 つの値として扱い，全てのデータの合計値を総数で割ったものである．一方，観測値（データ）を小さい方から大きい方へ並べ替えたとき，真ん中の値が中央値となる．観測値の個数が奇数ならば，中央値はちょうど真ん中の値であるが，観測値の個数が偶数ならば，中央の 2 つの値の平均となる．

平均対中央値：中心的傾向の指標である平均と中央値はそれぞれ長所と短所があり，使用するときに注意が必要である．

- 中央値は外れ値の影響を受けにくい．異常な値を含まれるとき，中央値の使用がより適切であるため，家計調査などの場合によく用いられる．
- 標本サイズが比較的大きく，また外れ値もないとき，平均がより適切である．
- 中央値と平均値は測定単位に依存する．二つの単位の間に，$y = ax + b$ で換算されるとき，平均は次のように変化する．

$$\bar{y} = \sum_{i=1}^{n} y_i/n = \sum_{i=1}^{n} (ax_i + b)/n = a\bar{x} + b$$

重み付き平均：平均値と中央値は，**重み付き平均**

$$\bar{x}_w = w_1 x_1 + \cdots + w_n x_n = \sum_{i=1}^{n} w_i x_i \qquad (w_1 + \cdots + w_n = \sum_{i=1}^{n} w_i = 1)$$

の特殊な場合である．平均値の場合は，$w_i = 1/n$ に対応し $(i = 1, \ldots, n)$，中央値は，たとえば，$n = 2m + 1$ のとき，$w_{m+1} = 1$, $w_i = 0$ に対応する $(i \neq m+1)$．

箱ひげ図（box-and-whisker plot）は，五数要約（five-number summary）と呼ばれる要約（順序）統計量

・最小値

・第 1 四分位点

・中央値（第 2 四分位点）

・第 3 四分位点

・最大値

をグラフで表したものである．第 1 四分位点から第 3 四分位点までの高さに箱を描き，中央値で仕切りを描くのが一般的である．箱ひげ図は，データのばらつきをわかりやすいグラフで表現したもので，複数のグループを比較するときに便利である．

解答

(1) 男子学生の身長の平均は，

$$(178+165+168+175+175+165+170+169+168)/9 \approx 170.33 \,\mathrm{cm}$$

(2) 男子学生の身長を，$165, 165, 168, 168, 169, 170, 175, 175, 178$ と並べ換え，データが 9 個あり，中央値は 5 番目の値 169 である．

(3) 女子学生の身長の平均は，　$(152+162+164+155+153+162)/6 = 158 \,\mathrm{cm}$

(4) 女子学生の身長を，$152, 153, 155, 162, 162, 164$ と並べ換え，データが 6 個あり，中央値は 3 番目と 4 番目の平均 $(155+162)/2 = 158.5$ である．

(5) 男子学生と女子学生の身長の箱ひげ図は次の通りである．それぞれの箱にある仕切りは両群の中央値を表している．いまの場合，中央値と平均値には大きな差はない．

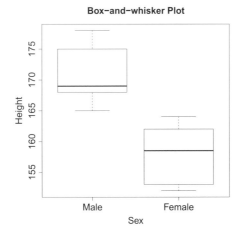

Box-and-whisker Plot

問題	*06*	データのばらつき・分散・ヒストグラム	標準

　問題 65 の表の 15 人の学生におけるデータに基づいて，以下の問いに答えよ．

(1) 15 人の学生の体重 (kg) の分散と標準偏差を求めよ．

(2) 15 人の学生の体重 (kg) のヒストグラムを描け．

解説　データの中心的傾向の把握と同じように，データのばらつきあるいはちらばりを知ることも同様に重要である．箱ひげ図からデータのちらばりをある程度知ることができる．数値的に最もよく使われるばらつきの尺度として，範囲（range），四分位範囲（interquartile range），分散（variance）と標準偏差（standard deviation）などがあるが，特に分散と標準偏差が重要である．

- **範囲**：観測値の中で最大値と最小値の差が範囲である．

  たとえば，データ $1,3,4,5,5,6,7,11$ の範囲は，$11-1=10$ である．

- **四分位範囲**：中間 50% のデータの範囲，すなわち，中間 50% のデータにおける最大値と最小値の差が四分位範囲である．例えば，データ $1,3,4,5,5,6,7,11$ の下側の 25% にあるデータ $1,3$，と上側の 25% にあるデータ $7,11$ を除いて，中間 50% のデータは $4,5,5,6$ なので，四分位範囲は $6-4=2$ となる．

- **分散**：分散はおのおののデータから平均値への乖離の度合いを表していて，次のように定義される．

$$s^2 = \frac{\sum_{i=1}^{n}(x_i - \bar{x})^2}{n-1} \tag{1}$$

ここで，x_i は i 番目の測定値，$\bar{x}$ は平均値（標本平均），n は標本数を表している．データが平均に集中しているほど分散は小さい．全てのデータが同じでない限り，分散はゼロになることはない．式 (1) の右辺の分母として n を使うときもあるが，式 (1) の期待値が母集団の分散に一致するため，式 (1) で定義される s^2 が不偏分散と呼ばれることがある．

- **標準偏差**：分散の平方根

$$s = \sqrt{s^2} = \sqrt{\frac{\sum_{i=1}^{n}(x_i - \bar{x})^2}{n-1}}$$

を標準偏差と呼ぶ．標準偏差は測定値と同じ単位をもち，分散に比べて解釈しやすい．測定単位が変化するとき，例えば，ある定数 a,b に対して $(a>0)$，全ての測定値 x_i が $y_i = ax_i + b$ に変化したとき，y の標準偏差は x の標準偏差の a 倍となり，b の値の影響は受けない．

● ヒストグラム：連続変数の確率分布をデータで近似するためのグラフであり，カール・ピアソンによるものとされている．観測値をいくつかの階級に分け，それぞれの階級に含まれる観測値の度数を柱の高さとして，階級幅を横幅とし定めたグラフがヒストグラムである．階級数，階級幅が変化すると，ヒストグラムの様子が変わる．標本数 n に対して，次の**スタージェスの公式**

$$k = 1 + \log_2 n = 1 + \log n / \log 2$$

に従って階級数 k を決めることがある．この公式は母集団分布が二項分布 $Bi(n, 0.5)$ で近似できる前提で導かれていることに注意する．

解答

(1) $n = 15$, $\bar{x} = \displaystyle\sum_{i=1}^{n} x_i = 57.533$, $\displaystyle\sum_{i=1}^{n} x_i^2 = 51057$ より，

$$s^2 = \frac{1}{n-1} \sum_{i=1}^{n} x_i^2 - \frac{n}{n-1} \bar{x}^2 = \frac{51057}{15-1} - \frac{15}{15-1} \times 57.533^2 \approx 100.41$$

したがって，標準偏差は，$s = \sqrt{s^2} = \sqrt{100.41} = 10.02$

(2) 体重のヒストグラムは以下の通りである．この図では 2 つの山（峰）を示していて，母集団が 2 つの部分集団（男女）に構成されている可能性を示唆している．

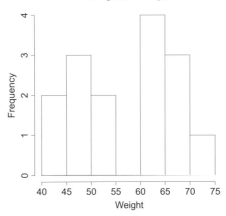

Histogram of weight

| 問題 | 07 | z スコア | 標準 |

> 　1　小学校 6 年生に学力テストが行われた．テストの平均は 100 点で，標準偏差は 15 である．太郎君の z スコアが 1.20 であった．太郎君のテストは何点だったのか．
> 　2　太郎君のクラスの数学と国語のテストが行われた．クラスの数学の平均点は 65 点で，標準偏差は 15 点であった．クラスの国語の平均点は 45 点で標準偏差は 20 点であった．太郎君は数学が 78 点，国語が 65 点だった．順位がより上なのはどちらの教科か．
> 　3　2 において，数学と国語のテストの得点がそれぞれ正規分布に従うとして，太郎君の数学の得点と国語の得点はおおよそクラスで上位何％ぐらいか．
> 　4　$X \sim N(\mu, \sigma^2)$ のとき，$Z = (X - \mu)/\sigma \sim N(0, 1)$ を示せ．

解説　標準スコア（z スコア）は，観測値 x が平均 μ から標準偏差 s の何個分離れているかを測る指標で，

$$z = \frac{x - \mu}{\sigma} \tag{1}$$

で定義される．$z < 0$ なら，観測値 x は平均以下で，$z > 0$ なら，x は平均以上で，$z = 0$ のとき，x は平均と一致する．このようなデータの変換のことを「標準化」といい，z スコアは「標準化得点」とも呼ぶ．z スコアは次のように解釈される．

- x の z スコアが 1 であれば，x は平均より s の分だけ大きく，$z = 2$ なら，x は平均より $2s$ の分だけ大きい．
- x の z スコアが -1 であれば，x は平均より s の分だけ小さく，$z = -2$ なら，x は平均より $2s$ の分だけ小さい．
- 標本数が大きいとき，中心極限定理と呼ばれるものが成り立ち，およそ 68％ の z スコアが -1 と 1 の間にあり，およそ 95％ の z スコアが -2 と 2 の間にあり，およそ 99％ の z スコアが -3 と 3 の間にある．

確率変数 X が平均 μ，分散 σ^2 の正規分布に従うとき，z スコアは平均が 0，分散 1 の標準正規分布に従う．すなわち，

$$Z = \frac{X - \mu}{\sigma} \sim N(0, 1)$$

このように標準化を行うことにより，単位や平均値などが異なるデータ同士を比較することが可能となる．平均が 50 点，標準偏差が 10 となるように，z スコアを更に

$$10z + 50$$

と変換したものを偏差値と呼ぶ．

解答

1   太郎君の z スコアは次のように計算される.

$$z \text{ スコア} = \frac{\text{太郎君の得点} - \text{平均得点}}{\text{標準偏差}}$$

したがって,次のように,太郎君のテストの得点を計算することができる.

$$\text{太郎君の得点} = z \text{ スコア} \times \text{標準偏差} + \text{平均得点}$$
$$= 1.20 \times 15 + 100 = 18 + 100 = 118$$

2   太郎君の数学の z スコアは

$$z_m = \frac{x_m - \mu_m}{\sigma_m} = \frac{78 - 65}{15} \approx 0.867$$

である.国語の z スコアは

$$z_j = \frac{x_j - \mu_j}{\sigma_j} = \frac{65 - 45}{20} = 1.0$$

となる.したがって,国語の方が順位が上である.

3   Z を標準正規分布に従う確率変数として,$\Phi(\cdot)$ を標準正規分布の分布関数とする.正規分布の仮定の下で,数学と国語における順位は次のように計算できる.

$$P[Z \geq z_m] = P[Z \geq 0.867] = 1 - \Phi(0.867) \approx 19\%$$
$$P[Z \geq z_j] = P[Z \geq 1.0] = 1 - \Phi(1.0) \approx 16\%$$

したがって,太郎君の数学の得点はおおよそ上位 19% で,国語の得点はおおよそ上位 16% とわかる.

4   $Z = (X - \mu)/\sigma$ とする.

$$P[Z \leq z] = P[X \leq \mu + \sigma z]$$
$$= \int_{-\infty}^{\mu + \sigma z} \frac{1}{\sqrt{2\pi}\sigma} \exp\left\{-\frac{(x - \mu)^2}{2\sigma^2}\right\} dx$$
$$= \int_{-\infty}^{z} \frac{1}{\sqrt{2\pi}} \exp\left\{-\frac{y^2}{2}\right\} dy \qquad (y = (x - \mu)/\sigma)$$

となることから,Z の確率密度関数が $N(0, 1)$ のそれと一致することがわかる.

問題	08	ラスパイレス指数	標準

1　3種類の電気製品の購入数量と購入価格に関する表1のデータに基づいて，ラスパイレス指数，パーシェ指数，フィッシャー指数を求めよ．

表1　2つの年における3種類の電気製品 A, B, C の購入数量と購入価格

	製品 A		製品 B		製品 C	
	価格	数量	価格	数量	価格	数量
基準年	150	100	250	70	450	150
比較年	170	110	240	60	550	200

2　表2のデータに基づいて地方自治体のラスパイレス指数を計算せよ．

表2　国家公務員とある地方自治体の職員数と平均俸給月額（百円）

経験年数	職員数（国）	平均俸給（国）	平均俸給（地方）
1年未満	1,139	1,772	1,770
1年以上2年未満	1,296	1,816	1,840
2年以上3年未満	1,930	1,877	1,910
3年以上5年未満	5,107	1,988	2,026
5年以上7年未満	6,083	2,155	2,190
7年以上10年未満	8,929	2,408	2,426
10年以上15年未満	14,322	2,847	2,824
15年以上20年未満	11,949	3,409	3,339
20年以上25年未満	9,349	3,909	3,741
25年以上30年未満	7,308	4,237	4,060
30年以上35年未満	3,725	4,395	4,305
35年以上	743	4,453	4,526

解説　C を物の種類として，t 期でのある物 c の価格を $p_{c,t}$，売れた総数を $q_{c,t}$ とすると，期間 t における取引の市場価値総額は $\sum_{c \in C} p_{c,t} \cdot q_{c,t}$ で表現できる．物価指数を表す物として，**ラスパイレス指数**（LI; Laspeyres index），**パーシェ指数**（PI; Paasche index），**フィッシャー指数** (FI; Fisher index) はそれぞれ次のように定義される．

$$\mathrm{LI} = \frac{\sum_{c \in C} p_{c,t_1} \cdot q_{c,t_0}}{\sum_{c \in C} p_{c,t_0} \cdot q_{c,t_0}} \times 100, \quad \mathrm{PP} = \frac{\sum_{c \in C} p_{c,t_1} \cdot q_{c,t_1}}{\sum_{c \in C} p_{c,t_0} \cdot q_{c,t_1}} \times 100, \quad \mathrm{FI} = \sqrt{\mathrm{LI} \times \mathrm{PP}}$$

これは2期における相対物価指数であり，t_0 はベースとなる期間（通常は第1期），t_1

は計算をしたい期間である．これらの指数は，一般には物価水準の変動を実質的に比較するために用いる．

　総務省では，国家公務員との比較で地方公務員の給与水準を表わすときに使うことがある．地方公務員と国家公務員の平均給与額を，国家公務員の職員構成を基準として，一般行政職における学歴別，経験年数別に比較し，国家公務員の給与を 100 とした場合の地方公務員の給与水準を示した指数．総務省は毎年地方公務員の給与水準をラスパイレス指数で発表している．総務省は指数の高い自治体に対し，特別交付税や起債に対するコントロールを通じて指導を行っている．

解答

1 　ラスパイレス指数，パーシェ指数，フィッシャー指数を定義に従って，それぞれ次のように計算される．

$$\text{ラスパイレス指数} = \frac{170 \times 100 + 240 \times 70 + 550 \times 150}{150 \times 100 + 250 \times 70 + 450 \times 150} \times 100 = 116.3$$

$$\text{パーシェ指数} = \frac{170 \times 110 + 240 \times 60 + 550 \times 200}{150 \times 110 + 250 \times 60 + 450 \times 200} \times 100 = 117.8$$

$$\text{フィッシャー指数} = \sqrt{116.3 \times 117.8} = 117.04$$

これらの指標は大きな違いはないことがわかる．

2 　国家公務員職員数を x, 国家公務員平均俸給を y, 地方公務員平均俸給を z として，

$x = (1139, 1296, 1930, 5107, 6083, 8929, 14322, 11949, 9349, 7308, 3725, 743)$

$y = (1772, 1816, 1877, 1988, 2155, 2408, 2847, 3409, 3909, 4237, 4395, 4453)$

$z = (1770, 1840, 1910, 2026, 2190, 2426, 2824, 3339, 3741, 4060, 4305, 4526)$

であるから，

$$\sum_i x_i \times y_i = 221455133, \qquad \sum_i x_i \times z_i = 217804347$$

と計算でき，地方自治体のラスパイレス指数は次のように計算される．

$$\text{LI} = \frac{\displaystyle\sum_i x_i \times z_i}{\displaystyle\sum_i x_i \times y_i} \times 100 = 98.35$$

| 問題 | 09 | ローレンツ曲線 | 標準 |

表1は平成16年の家計調査から得た標準世帯（勤労者）の年間収入階級別五分位データを表している．年間収入は所得の低い世帯から順に全世帯を5等分してグループ化した平均値である（総務省「家計調査年報（二人以上の世帯）平成16年 統計表」第12表，http://www.stat.go.jp/data/kakei/2004np/02nh.html）．

表1 平成16年年間収入五分位階級別世帯数分布（勤労者・標準世帯）

	第一分位	第二分位	第三分位	第四分位	第五分位
世帯数	2,000	2,000	2,000	2,000	2,000
年間収入（万円）	381	521	632	767	1,064

(1) 世帯数の累積比と所得（年間収入）の累積比を求めよ．

(2) 世帯所得のローレンツ曲線を描け．

(3) ローレンツ曲線に基づいて標準世帯（勤労者）の年間収入の格差についてコメントせよ．

解説　収入格差の問題は世界各国にとって重要な問題である．収入を調べる調査は様々な種類があり，日本の家計調査における「標準世帯」とは，夫婦と子供二人で構成される世帯のうち，有業者が世帯主1人だけの世帯を指す．一方，「勤労者世帯」とは，世帯主が会社，官公庁，学校，工場，商店などに勤めている世帯を言う．

所得格差を測る指標として，ジニ係数と**ローレンツ曲線**（Lorenz curve）がよく知られている．この問題はローレンツ曲線に関するものである．ローレンツ曲線とは，世帯を所得の低い順番に並べ，横軸に世帯の累積比をとり，縦軸に所得の累積比をとって，世帯間の所得分布をグラフ化したものである．もしも，社会に所得格差が存在せず，全ての世帯の所得が同額であるならば，ローレンツ曲線は45度線と一致する．所得や富の分布に偏りがある限り，ローレンツ曲線は下方に膨らんだ形になる．収入を表す確率変数を X とし，X の確率密度関数を $f(x)$，累積分布関数を $F(x)$ としたとき，

$$p = F(z) = \int_0^z f(t)\, dt$$

とすると，ローレンツ曲線は，

$$L(p) = \frac{\displaystyle\int_0^z x f(x)\, dx}{\displaystyle\int_0^\infty x f(x)\, dx} = \frac{\displaystyle\int_0^z x f(x)\, dx}{\mu}$$

で定義される．ジニ係数やローレンツ曲線は，所得格差を測るために簡便で有用な指標であるが，同じ所得階層の中に異なる属性を持った世帯が混在する可能性があり，世帯間の属性の相違をコントロールしてローレンツ曲線で測る必要がある．また，社会全体

の経済厚生は，所得の分配と共に，分配される所得の大きさにも依存することから，ローレンツ曲線はこうした観点が含まれていないことに注意する．

解 答

(1) まず，世帯数と所得のそれぞれの累積和を次のように求める．

所得累積和：2000, 4000, 6000, 8000, 10000,
世帯数累積和：381, 902, 1534, 2301, 3365

これらの和をそれぞれの総数 10000, 3365 で割ったものが表 2 である．

表 **2**　平成 16 年世帯数累積比と所得累積比（勤労者・標準世帯）

世帯数累積比（%）	0	0.2	0.4	0.6	0.8	1.000
所得累積比（%）	0	0.113	0.268	0.456	0.684	1.000

(2) 表 2 に基づいて，横軸に世帯の累積比を，縦軸に所得の累積比をとって作成されたローレンツ曲線は次のようになる．

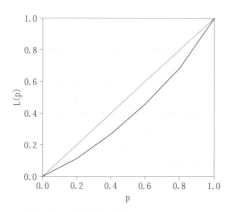

勤労者・標準世帯所得のローレンツ曲線

(3) ローレンツ曲線から見ると，勤労者・標準世帯の所得は若干の格差が見られる．上位 20% の世帯が 30% 強の所得を保有することがわかる．

| 問題 | 10 | ジニ係数 | 標準 |

次の表は，平成 26 年の当初所得及び再分配所得について，十分位階級別の所得構成比を示したものである（https://www.mhlw.go.jp/）．所得の十分位階級とは，世帯を所得の低い方から高い方に並べてそれぞれの世帯数が等しくなるように十等分したもので，低い方のグループから第 1・十分位，第 2・十分位，…，第 10・十分位という．所得の構成比は，全階級の所得の合計額に対する各階級の所得額の割合である．この表に基づいて，以下の問いに答えよ．

平成 26 年当初所得と再分配所得十分位階級別所得構成比

十分位階級	当初所得構成比	再分配構成比
第 1・十分位	0.0	1.9
第 2・十分位	0.0	3.5
第 3・十分位	0.6	4.7
第 4・十分位	2.7	6.0
第 5・十分位	5.2	7.4
第 6・十分位	8.0	8.9
第 7・十分位	11.5	10.9
第 8・十分位	15.6	13.2
第 9・十分位	20.5	16.5
第 10・十分位	35.9	27.0

(1) 平成 26 年当初所得と再分配所得のローレンツ曲線を描け．

(2) 平成 26 年当初所得と再分配所得のジニ係数を計算せよ．

| 解 説 | **ジニ係数**（Gini coefficient）は主に社会における所得分配の不平等さを測る指標であり，ローレンツ曲線 $L(p)$ と均等分配線によって囲まれる領域の面積と均等分配線より下の領域の面積の比として定義される．すなわち，

$$\text{Gini} = \frac{1/2 - \int_0^1 L(p)\,dp}{1/2} = 1 - 2\int_0^1 L(p)\,dp$$

ジニ係数は，均等分配線より下の面積は 1/2 になるので，ジニ係数は均等分配線とローレンツ曲線が囲む領域の面積の 2 倍に等しい．ジニ係数は不平等さの他に，富の偏在性やエネルギー消費における不平等さなどにも応用される．

ジニ係数の範囲は 0 と 1 の間である．係数が大きいほどその集団の格差が大きい状態を表す．特にジニ係数が 0 のとき，ローレンツ曲線が均等分配線に一致していて，所得が均一で格差が全くない状態を表す．逆にジニ係数が 1 である状態は，ローレンツ曲線

が横軸に一致するときであり，たった 1 人が集団の全ての所得を独占している状態を表す．ジニ係数が 0.4 を超えると，社会不安を引き起こす恐れがあり，警戒すべきとされている．ジニ係数は格差の程度を表しているが，その格差の原因については，なにも語らないという限界を持っている．また，ジニ係数を算出するもとになる「家計調査」などのデータ自体が信頼できるかどうか，という問題にも常に留意する必要がある．ジニ係数が同じでも，ローレンツ曲線の元の形が著しく異なる可能性がある．このとき，不平等さの実感が全く異なる可能性がある．家計調査などの場合，調査対象の偏りがジニ係数に影響を与えることも留意する必要がある．

解 答

(1) 横軸に世帯の累積比を，縦軸に所得の累積比をとって作成されたローレンツ曲線が次のようになる．この図から再分配所得の格差が小さくなっていることが読み取れる．

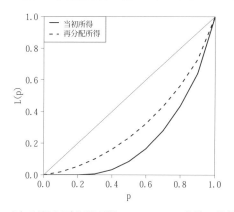

当初所得と再分配所得のローレンツ曲線の比較

(2) 当初所得のジニ係数を計算する．ローレンツ曲線の下の面積は台形の面積，

$$\{ (0+0.000)+(0.000+0.000)+(0.000+0.006)+(0.006+0.033)$$
$$+ (0.033+0.085)+(0.085+0.165)+(0.165+0.280)+(0.280+0.436)$$
$$+ (0.436+0.641)+(0.641+1.000) \} \times 0.1 \times 0.5 = 0.2146$$

である．したがって，ジニ係数は，$2 \times (0.5-0.2146) = 0.5708$ となる．同様に再分配所得のジニ係数は 0.3756 となる．再配分により所得格差がかなり減少したことがわかる．

Chapter 2

確率，確率変数，確率分布

確率モデルの導入として，確率分布について学習する．
確率分布は離散型と連続型に大別される．事象の確率は
その確率変数が従う確率分布の型に応じた計算で求めら
れるため，本章の問題演習で理解を深めるとともに計算
力を養成されたい．

問題	11	事象と確率	基本

  サイコロを 4 つ投げたとき，次の確率を求めよ．
(1) 出る目がすべて 1 である確率
(2) 出る目がすべて同じである確率
(3) ある 2 つのサイコロにおいて出る目が異なる確率
(4) どのサイコロも出る目が異なる確率
(5) 2 つの異なる目がそれぞれ 2 つずつ出る確率
(6) ある 3 つのサイコロの出る目が同じで，他の 1 つは出る目が異なる確率

解 説 サイコロを投げるような同様のことを繰り返すことが可能な行為を**試行**とい
い，その結果ある目が出るというような事柄を**事象**という．特に，事象としてもうこれ
以上分けることができない事象を**根元事象**という．例えば，サイコロの例における「偶
数の目が出る」という事象は「2 の目が出る」，「4 の目が出る」，「6 の目が出る」という
事象に分けて考えることができるので根元事象ではないが，「3 の目が出る」という事象
は 3 の目が出る事象以外の場合に分けて考えられないので，根元事象である．対象とす
るすべての根元事象からなる事象の集合を**全事象**と呼び，U で表すことにする．また，
事象 A に対して，事象 A の場合の数を $n(A)$ で表すことにする．

  全事象 U に対して，そのすべての根元事象が同様に確からしく起こるとき，事象 A
の起こる確率 $P(A)$ は

$$P(A) = \frac{n(A)}{n(U)}$$

として定義される．

  決して起こらない事象を**空事象**と呼び，$\emptyset$ で表す．定義により，$n(\emptyset) = 0$ であり，
$A = \emptyset$ ならば $P(A) = \frac{n(\emptyset)}{n(U)} = 0$ である．また，$A = U$ ならば $P(A) = \frac{n(U)}{n(U)} = 1$ であ
る．したがって，一般に確率 $P(A)$ において $0 \leq P(A) \leq 1$ が成り立つ．事象 A に対し
て，A が起こらないという事象を A の**余事象**といい，$\overline{A}$ で表す．定義により，$P(U) =$
$P(A) + P(\overline{A}) = 1$ が成り立つ．

  2 つの事象 A, B に対して，その和集合と積集合によって定まる事象をそれぞれ**和事
象**，**積事象**といい，$A \cup B$，$A \cap B$ で表す．$A \cap B = \emptyset$ であるとき，A と B は**排反**であ
るという．一般に，$P(A \cup B) = P(A) + P(B) - P(A \cap B)$ が成り立ち，A と B が排反
ならば $P(A \cup B) = P(A) + P(B)$ が成り立つ．

解 答

  対象となる 4 つのサイコロをそれぞれ a, b, c, d とおき，これらのサイコロを投げたと
きに出る目をそれぞれ X_a, X_b, X_c, X_d とおき，出た目の結果を (X_a, X_b, X_c, X_d) で表

すことにする.

(1) 出る目がすべて 1 であるという事象を A とおく．事象 A は $(1,1,1,1)$ となる根元事象である．したがって，$n(A) = 1$ が成り立つ．一方，全事象 U における場合の数 $n(U)$ は，(X_a, X_b, X_c, X_d) で表現できるすべての場合の数 $6^4 = 1296$ である．よって，

$$P(A) = \frac{1}{1296}$$

(2) 出る目がすべて同じであるという事象を B とおく．事象 B の起こり得るパターンは $(1,1,1,1), (2,2,2,2), (3,3,3,3), (4,4,4,4), (5,5,5,5), (6,6,6,6)$ の 6 通りより，$n(B) = 6$ である．全事象 U における $n(U)$ は前問で求めたように $n(U) = 1296$ なので，

$$P(B) = \frac{6}{6^4} = \frac{1}{216}$$

(3) ある 2 つのサイコロにおいて出る目が異なるという事象を C とおく．事象 C は出る目がすべて同じであるという事象 B の余事象である．したがって，

$$P(C) = 1 - P(B) = 1 - \frac{1}{216} = \frac{215}{216}$$

(4) どのサイコロも異なる目が出るという事象を D とおく．場合の数 $n(D)$ については次のように注意深く求める必要がある．まず，4 つのサイコロを区別することを考えず，出る目のみに着目して，どの目も異なるパターンの総数を求めよう．これは 1 から 6 の数字から 4 つの数字を取り出す組合せの数 ${}_6C_4 = \frac{6!}{4!2!} = 15$ である．一方，どの目も異なる 4 つの数字のひと組に対して，4 つのサイコロ a, b, c, d において，その組の出る目を実現するパターンの総数を考えよう．ここでは，話をわかりやすくするために，一つの具体的な数字の組合せを例えば $1, 2, 3, 4$ とおいて，そのパターン数を数え上げてみると，a, b, c, d の出る目が $1, 2, 3, 4$ であるパターンの総数は $1, 2, 3, 4$ を並べ替える順列の数 ${}_4P_4 = 4! = 24$ に等しい．したがって，$n(D) = 15 \times 24 = 360$ が成り立つ．よって，

$$P(D) = \frac{360}{6^4} = \frac{5}{18}$$

［注］ $n(D) = {}_6P_4$ である.

(5) 2 つの数字の選び方が ${}_6C_2 = 15$ 通り．2 つの数字のうちの小さい方の数字が出るサイコロの選び方が ${}_4C_2 = 6$ 通り．したがって求める事象を E とおくと，

$$P(E) = \frac{15 \times 6}{6^4} = \frac{5}{72}$$

(6) ある 3 つのサイコロにおいて出る目が同じであるという事象のパターンは ${}_4C_3 = 4$ 通りである．それぞれについて，3 つの同じ目，1 つの異なる目の出方は ${}_6P_2 = 30$ 通りなので，求める事象を F とおくと，

$$P(F) = \frac{4 \times 30}{6^4} = \frac{5}{54}$$

| 問題 | *12* | 独立試行・条件付き確率 | 基本 |

> $\boxed{1}$　サイコロを 1 つ投げて偶数の目が出たとする. このとき出た目が 4 以上である確率を求めよ.
>
> $\boxed{2}$　整数 $n \geq k \geq 1$ に対して, ある独立な同じ試行を n 回繰り返し, ある事象 A が k 回起こる確率を $P(k)$ で表すとき, $P(k) = {}_n C_k P(A)^k (1 - P(A))^{n-k}$ が成り立つことを示せ.
>
> $\boxed{3}$　サイコロ 1 つを 4 回投げて 1 の目が高々 2 回しか出ない確率を求めよ.

解　説　2 つの事象が**独立**であることの直感的な意味としては, これら 2 つの事象は互いに確率の意味で影響を与えないと解釈してよい. 問題を解く上では, $P(A \cap B) = P(A)P(B)$ が成り立つことと考えて差し支えない. 問題 11 でも議論したが, 事象 A と B について, $A \cap B = \emptyset$ であるとき, すなわち事象 A と B が同時には起こり得ないとき, 事象 A と事象 B は**排反**であるという. この場合, 明らかに $P(A \cap B) = 0$ が成り立つ. 事象 A と B が独立であることを議論する際には $A \cap B \neq \emptyset$ であることが前提となっており, 事象の独立と排反の定義の違いに注意すること.

　念のため, サイコロの例でこれらの用語の意味を確認しておくと, 事象 A を「サイコロ a において 3 が出る」, 事象 B を「サイコロ a において 4 が出る」, 事象 C を「サイコロ b において 4 が出る」とおくときに「サイコロ a を投げる」という試行において事象 A と B は同時には起こり得ないので排反である. 一方, 「サイコロ a, b を同時に投げる」という試行において事象 A と C は同時に起こり得るのでこれらの事象は排反ではない. さらに, 事象 A が起こることと事象 C が起こることは互いにその確率に影響を及ぼさないので A と C は独立である.

　事象 A と B が排反であれば, $P(A \cap B) = 0$ であることから問題 11 の解説で示したように, $P(A \cup B) = P(A) + P(B)$ が成り立つ. より一般に, 互いに排反な事象 $A_1, \ldots, A_k$ に対して $P(\bigcup_{i=1}^{k} A_i) = \sum_{i=1}^{k} P(A_i)$ が成り立つ.

　事象 A が起こったという前提のもとで事象 B が起こる確率を**条件付き確率**といい, $P(B|A)$ で表す. 確率の定義を振り返ると, ある事象の確率とはその事象が起こる場合の数を全事象の場合の数で割った値であるので, この意味に照らし合わせて考えると $P(B|A) = \frac{n(A \cap B)}{n(A)}$ である. 全事象を U とおくと, この式は次のように変形できる.

$$P(B|A) = \frac{n(A \cap B)}{n(A)} = \frac{\frac{n(A \cap B)}{n(U)}}{\frac{n(A)}{n(U)}} = \frac{P(A \cap B)}{P(A)}, \qquad P(A \cap B) = P(A)P(B|A)$$

　事象 A と B が独立であるとき $P(A \cap B) = P(A)P(B)$ が成り立つので, 上の式にこれを代入すると $P(B|A) = P(B)$ が得られ, この場合 $P(B|A)$ は $P(B)$ と同じ値になることがわかる. 事象の独立と同様に, ある 2 つの試行において試行の結果が互いに影響

を及ぼさないとき，それらを独立な試行という．一般に，独立な試行 $T_1, \ldots, T_k$ と，各 T_i に対して，ある事象 A_i を考えるとき，次式が成り立つ．

$$P(\text{各 } i=1,\ldots,k \text{ に対して試行 } T_i \text{ において事象 } A_i \text{ が起こる}) = \prod_{i=1}^{k} P(A_i)$$

　独立な試行の例として，1 つのサイコロを複数回繰り返し投げるという試行は互いに独立な同じ試行と考えられる．独立な同じ試行を n 回繰り返すとき，ある事象 A が k 回起こる確率 $P(k)$ を反復試行の確率という．反復試行であることは独立な試行である点に注意せよ．さらに，確率の意味で影響を与えない事象の独立と，ある操作が複数回行われていることが前提となっている試行の独立では，意味が異なるので注意すること．

解答

$\boxed{1}$　偶数が出るという事象を A とおき，出た目が 4 以上である事象を B とおくと，求める確率は　$P(B|A) = \dfrac{P(A \cap B)}{P(A)} = \dfrac{\frac{1}{3}}{\frac{1}{2}} = \dfrac{2}{3}$

$\boxed{2}$　1 つの場合として，「1 回目から k 回目まで事象 A が起こり，残りの $n-k$ 回の全てにおいて A が起こらない」という事象 X の確率 $P(X)$ について求めてみる．独立試行であることから

$$\begin{aligned} P(X) = {} & P(1 \text{ 回目に事象 } A \text{ が起こり，かつ 2 回目にも } A \text{ が起こり} ,\ldots, \\ & \text{かつ } k \text{ 回目に } A \text{ が起こり，かつ } k+1 \text{ 回目には } A \text{ が起こらず} ,\ldots, \\ & \text{かつ } n \text{ 回目に } A \text{ は起こらない}) \\ = {} & P(A)^k (1-P(A))^{n-k} \end{aligned}$$

が成り立つ．n 回の試行においてちょうど k 回事象 A が起こる他の場合についての確率も同様に求めることができて，k 個の $P(A)$ と $n-k$ 個の $(1-P(A))$ の積なので，その値は全て $P(A)^k(1-P(A))^{n-k}$ である．それぞれの事象は互いに排反（例えば，上の事象 X と「2 回目から $k+1$ 回目まで事象 A が起こり，残りの $n-k$ 回の全てにおいて A が起こらない」という事象 Y は排反である）なので，求める $P(k)$ の値は{n 回の試行において，ちょうど k 回事象 A が起こるパターンの総数}と $P(A)^k(1-P(A))^{n-k}$ の積である．したがって，$P(k) = {}_n\mathrm{C}_k P(A)^k (1-P(A))^{n-k}$

$\boxed{3}$　整数 k に対して，事象 A_k を「サイコロ 1 つを 4 回投げて 1 の目がちょうど k 回出る」とおくと，各 A_k は互いに排反な事象であり，求める確率は $P(A_0)+P(A_1)+P(A_2)$ であるので，これらの確率を個別に求めてその和を計算すれば良い．サイコロ 1 つを 4 回投げるという試行は反復試行なので，前問の結果を利用して　$P(A_0) = {}_4\mathrm{C}_0 (\frac{1}{6})^0 (\frac{5}{6})^4$ $= \frac{625}{1296}$，$P(A_1) = {}_4\mathrm{C}_1 (\frac{1}{6})^1 (\frac{5}{6})^3 = \frac{125}{324}$，$P(A_2) = {}_4\mathrm{C}_2 (\frac{1}{6})^2 (\frac{5}{6})^2 = \frac{25}{216}$ が得られるので求める確率は $\frac{625}{1296} + \frac{125}{324} + \frac{25}{216} = \frac{1275}{1296}$

〔別解〕余事象を用いて，$1 - P(A_3) - P(A_4) = 1 - \frac{20}{1296} - \frac{1}{1296} = \frac{1275}{1296}$ と求めてもよい．

| 問題 | 13 | ベイズの定理 (1) | 標準 |

　有望と思えるガン発見のある検査法が開発された. 大病院のガン患者の 97% が
この検査に陽性反応を示し, ガンでない患者の 5% が同じ陽性反応を示したとしよ
う. 病院の患者の 2% がガンにかかっているとするとき, 無作為に選んだある患者
がこの検査に陽性反応を示したとして, 以下の問いに答えよ.

(1) 抽出された患者が本当にガンにかかっている確率を求めよ.

(2) (1) で得られた結果について吟味せよ.

解説　この問題は**ベイズの定理** (Bayes' Theorem) に対する理解を求めている.
まず, ベイズの定理を述べよう.

Ω は標本空間で, $H_1, H_2, \ldots, H_k$ は Ω の部分集合である. 標本空間 Ω は $H_1, H_2, \ldots, H_k$ によって素分割されている. すなわち, 次が成り立つ.

(1)　$\Omega = H_1 \cup H_2 \cup \cdots \cup H_k$ であり,

(2)　$H_1, H_2, \ldots, H_k$ は互いに排反である. すなわち, $H_i \cap H_j = \phi \, (i \neq j)$ である.

このとき, 任意の事象 A と任意 $i = 1, \ldots, k$ に対して, 次が成り立つ.
$$P(H_i|A) = \frac{P(H_i)\,P(A|H_i)}{\displaystyle\sum_{j=1}^{k} P(H_j)\,P(A|H_j)} \tag{1}$$

　ベイズの定理は次のように証明される. まず, 事象 A は Ω の部分集合なので,
集合の吸収則により, $A = A \cap \Omega$ となる. 条件により, $\Omega = H_1 \cup H_2 \cup \cdots \cup H_k$ なので, 集合の分配則により,
$$A = (A \cap H_1) \cup (A \cap H_2) \cup \cdots \cup (A \cap H_k)$$
が成り立つ. 確率の加法性により, A の確率は
$$P(A) = \sum_{j=1}^{k} P(A \cap H_j) = \sum_{j=1}^{k} P(H_j)\,P(A|H_j) \tag{2}$$
と分解できる. 2 番目の等号は乗法定理 $P(A \cap B) = P(B)\,P(A|B)$ による. 式
(2) は**全確率の定理** (law of total probability) として知られる. 条件付確率の定
義により,
$$P(H_i|A) = \frac{P(A \cap H_i)}{P(A)} = \frac{P(H_i)\,P(A|H_i)}{P(A)}$$
と書ける. 上の式の分母に全確率の定理を適用すれば, ベイズの定理 (1) が得ら
れる.

解答

(1) 患者の集団を Ω とし，ガン患者の集団を H_1，ガンでない患者の集団を H_2 とすると，Ω は H_1 と H_2 に素分割される．無作為に選んだ患者が陽性を示すという事象を A とすると，求めるべき確率は $P(H_1|A)$ と表現できる．以上の記号の下で，与えられた条件は以下のように整理できよう．

事前確率	尤度
$P(H_1) = 0.02$	$P(A|H_1) = 0.97$
$P(H_2) = 0.98$	$P(A|H_2) = 0.05$

したがって，全確率は

$$P(A) = P(H_1)\,P(A|H_1) + P(H_2)\,P(A|H_2) = 0.02 \times 0.97 + 0.98 \times 0.05 = 0.0684$$

となる．ベイズの定理より

$$P(H_1|A) = \frac{P(A|H_1)\,P(H_1)}{P(A)} = \frac{0.02 \times 0.97}{0.0684} \approx 0.284 = 28.4\%$$

(2) ベイズの定理における $P(H_i)$ は**事前確率**（prior probability）と呼ばれ，これまでの経験などに基づいて，病気などにおける確率に関する先験的（prior）知識を表す．新たなデータ A が得られたとき，病気になる**事後確率**（posterior probability）$P(H_i|A)$ を計算しているのがベイズの定理である．より広い文脈において，H_i を原因，A を結果とすると，ベイズの定理は，結果が得られたときの原因の確率 $P(H_i|A)$ を更新するための理論として非常に重要である．

　上の例において，$P(H_1|A) = 28.4\%$ がそれほど高くないことに意外と感じるかもしれない．これがむしろ一般的な現象である．もし，$\Omega = H_1 \cup H_2$ で，$P(H_1)$ が非常に小さければ，$P(H_2) = 1 - P(H_1) \approx 1$ となる．$P(A) \approx P(A|H_2)$ となることに注意すれば，$P(H_1|A) \approx 0/P(A|H_2) = 0$ となることが理解できよう．

| 問題 | 14 | ベイズの定理（2） | 基本 |

$\boxed{1}$　ある八百屋では，りんご農家 X と Y からそれぞれ $4:6$ の割合でりんごを仕入れている．農家 X から仕入れたりんごは確率 1% で傷んでおり，農家 Y から仕入れたりんごは確率 0.5% で傷んでいる可能性があるという．この八百屋で販売したあるりんごが傷んでいたと報告を受けたとき，そのりんごが農家 X から仕入れたものである確率を求めよ．

$\boxed{2}$　ある工場における製品の製造を X さん，Y さん，Z さんがそれぞれ $6:3:1$ の割合で分担して行うことになった．熟練度の違いもあり，X さん，Y さん，Z さんが製造した製品で不良品が生じてしまう割合がそれぞれ $2\%,3\%,6\%$ であると仮定する．いま，一つの不良品が見つかったとき，それが Z さんによって製造された確率を求めよ．

解説　$\boxed{1}$ は，ベイズの定理を利用することで解を得ることができる．具体的には，事象 A,B をそれぞれ事象 A：「りんごを農家 X から仕入れた」，事象 B：「仕入れたりんごが傷んでいた」として定めて，ベイズの定理にある展開公式の各項に対応した確率の値を代入して計算すれば良い．

ベイズの定理は，より一般に次のように表される．$C,B_1,\ldots,B_n$ を事象とし，全事象を U とおく．$U = \bigcup_{i=1}^{n} B_i$，かつ，$B_i \cap B_j = \emptyset$ が任意の $1 \le i < j \le n$ に対して成り立つとき，

$$P(B_i|C) = \frac{P(B_i)P(C|B_i)}{P(B_1)P(C|B_1)+\cdots+P(B_n)P(C|B_n)}$$

ここで $n=2$ のときは，$C=B$，$B_1=A$，$B_2=\overline{A}$ とおけば先に挙げた式と一致することに注意せよ．

$\boxed{2}$ では上式における $n=3$ の場合を利用する．事象 C,B_1,B_2,B_3 をそれぞれ事象 C：「選んだ製品が不良品であった」，事象 B_1：「X さんが製造した」，B_2：「Y さんが製造した」，B_3：「Z さんが製造した」として定めて，ベイズの定理にある展開公式の各項に対応した確率の値を代入して計算すれば良い．

解答

$\boxed{1}$　$P(A|B) = \dfrac{P(A)P(B|A)}{P(A)P(B|A)+P(\overline{A})P(B|\overline{A})} = \dfrac{\frac{2}{5}\cdot\frac{1}{100}}{\frac{2}{5}\cdot\frac{1}{100}+\frac{3}{5}\cdot\frac{1}{200}} = \dfrac{4}{7}$

2 　仮定より，$P(B_1) = 0.6$，　$P(B_2) = 0.3$，　$P(B_3) = 0.1$，　$P(C\,|\,B_1) = 0.02$，
$P(C\,|\,B_2) = 0.03$，　$P(C\,|\,B_3) = 0.06$ なので，

$$P(B_3\,|\,C) = \frac{P(B_3)P(C\,|\,B_3)}{P(B_1)P(C\,|\,B_1) + P(B_2)P(C\,|\,B_2) + P(B_3)P(C\,|\,B_3)}$$
$$= \frac{1 \cdot 6}{6 \cdot 2 + 3 \cdot 3 + 1 \cdot 6} = \frac{2}{9}$$

□ 3囚人問題

　ベイズの定理の応用で有名な3囚人問題と呼ばれる問題がある．問題設定は次の通り．いま，3人の囚人 A, B, C がいるとする．このうち，無作為に選ばれた1人が釈放され，残りの2人は処刑されることになったと仮定する．誰が釈放されるかを知っている看守に対して，A が「B と C のうち少なくとも1人が処刑されることは決まっているので，2人のうち1人の名前を教えてくれても私についての情報を与えていることにはならないので，B と C のうち処刑される1人を教えてくれないか．」と看守に頼んだところ，看守は B が処刑されることを A にこっそり教えてくれた．それを聞いた A は，釈放される可能性があるのは自分と C だけになったので，自分の助かる確率は $\frac{1}{3}$ から $\frac{1}{2}$ に増えたと思って喜んだという．

　A の確率に関する考え方は正しいであろうか．このことについてベイズの定理を用いて本当の確率を確認してみよう．A, B, C が釈放される確率は等しいので，A, B, C をそれぞれ囚人 A, B, C が釈放される事象とすると $P(A) = P(B) = P(C) = \frac{1}{3}$ である．事象 X を看守が「B は処刑される」と告げる事象とおくとき，A が釈放されるならば，看守は B, C のどちらを教えてもよいので，$P(X\,|\,A) = \frac{1}{2}$，B が釈放されるならば，看守が B の名前を告げることはあり得ないので，$P(X\,|\,B) = 0$，C が釈放されるならば，看守は必ず B の名前を告げるので，$P(X\,|\,C) = 1$ であることから，

$$P(A\,|\,X) = \frac{P(A)P(X\,|\,A)}{P(A)P(X\,|\,A) + P(B)P(X\,|\,B) + P(C)P(X\,|\,C)}$$
$$= \frac{\frac{1}{3} \cdot \frac{1}{2}}{\frac{1}{3} \cdot \frac{1}{2} + \frac{1}{3} \cdot 0 + \frac{1}{3} \cdot 1} = \frac{1}{3}$$

であることが確認できるので，A の考え方は誤っていることがわかる．

問題	15	離散型確率分布（導入）	基本

[1]　ある大学の講義では，50 人の学生がその講義を受講し，そのクラスの学年別の内訳は，11 人が 1 年生で，19 人が 2 年生で，14 人が 3 年生，6 人が 4 年生である．確率変数 $X = 1, 2, 3, 4$ として，このクラスから無作為に一人の学生を選んだときの学年として割り当てるとき，

(1)　$k = 1, 2, 3, 4$ に対する確率 $P(X = k)$ の値をそれぞれ求めよ．

(2)　期待値 $E[X]$ を求めよ．

[2]　確率変数 $X = 0, 1$ として，1 枚のコインを投げたときに表が出たら 0，裏が出たら 1 を割り当てるとき，その確率関数 $P_i = P(X = x_i)$ における分布関数 $F(x)$ がどのように表されるかを記せ．

解説　各実現値 x_i の確率が定まるとき，$i = 1, 2, \ldots$ に対するこの確率を $P(X = x_i)$ または P_i で表し，これを確率変数 X の**確率関数**と呼ぶ．すべての $i = 1, 2, \ldots$ に対して $P(X = x_i)$ が定まるとき，X の**確率分布**が与えられているという．確率関数 P_i は確率であることから，次の性質が成り立つ．

(i)　$i = 1, 2, \ldots$ に対して，$0 \leq P_i \leq 1$

(ii)　$\displaystyle \sum_{x_i \in X} P_i = 1$

(iii)　$\displaystyle P(a \leq X \leq b) = \sum_{a \leq x_i \leq b} P_i$

離散型確率変数 X が確率関数 P_i $(i = 1, 2, \ldots, n)$ の確率分布に従うとき，その**期待値**を $\displaystyle \mu = E[X] = \sum_{i=1}^{n} x_i P_i$ として定める．

実数 x に対して，確率関数 P_i を用いた**（累積）分布関数** $F(x)$ を次のように定義する．

$$F(x) = P(X \leq x) = \sum_{x_i \leq x} P_i$$

分布関数 $F(x)$ は次の性質を満たす．

(i)　$a \leq b$ のとき，$F(a) \leq F(b)$

(ii)　$F(-\infty) = 0, \quad F(\infty) = 1$

(iii)　$P(a < X \leq b) = F(b) - F(a)$

[1] は問題の条件と期待値の定義に従って求めればよい．[2] では，確率変数の定め方より，$P(X = 0) = P(X = 1) = \dfrac{1}{2}$ であることに注意すると，分布関数の定義より，

$F(x) = P(X \le x)$ の値は $x < 0$ のとき 0, $0 \le x < 1$ のとき $\dfrac{1}{2}$, $1 \le x$ のとき 1 となる.

この考え方として, X がとる値は 0 と 1 のみであり, $F(x) = P(X \le x)$ において, x の値を $-\infty$ から増加させていって 0 に満たない間は X の値としてとりえるものがないため $F(x) = 0$ であり, 0 に達した時点で $X \le x$ という条件において $X = 0$ の場合が含まれ, $F(x) = \dfrac{1}{2}$ となり, x が 1 未満である限り $F(x)$ は $\dfrac{1}{2}$ という一定の値をとる. x が 1 に達した時点で $X \le x$ という条件において $X = 0$ と $X = 1$ の両方の場合が含まれ, X が 0 または 1 をとる確率は 1 であるため, $F(x) = 1$ となり, 同様の考え方で $1 < x$ のすべての値について $F(x) = 1$ となる.

解答

$\boxed{1}$　(1) $P(X=1) = \dfrac{11}{50}$,　$P(X=2) = \dfrac{19}{50}$,　$P(X=3) = \dfrac{14}{50}$,　$P(X=4) = \dfrac{6}{50}$

(2) $E[X] = 1 \cdot \dfrac{11}{50} + 2 \cdot \dfrac{19}{50} + 3 \cdot \dfrac{14}{50} + 4 \cdot \dfrac{6}{50} = \dfrac{23}{10}$

$\boxed{2}$

$$F(x) = \begin{cases} 0 & (x < 0) \\ \dfrac{1}{2} & (0 \le x < 1) \\ 1 & (1 \le x) \end{cases}$$

□ **離散型変数と連続型変数**

確率分布で扱う確率変数は離散型と連続型の 2 種類に大別される. どのような変数がそれらに当てはまるか確認してみよう. 次の各変数はどの型の変数になるだろうか.

(1) 大気中の酸素の割合 X　　　(2) 一日に執筆する日記のページ数 X

(3) A さんの体重 X

連続型変数というのは重さや濃度のように連続した値をとるものなので (1) と (3) が連続型変数であり, (2) のようにその日毎にとびとびの値をとる値が離散型変数である. 但し, (1) や (3) のとる値についても, 一日のある時点での値というように設定して, 日毎の値を考えるような場合は離散型変数となるので, 扱う問題の条件設定によって離散型か連続型か変わるので注意が必要である.

| 問題 | 16 | 離散型確率分布（期待値と分散） | 基本 |

$\boxed{1}$ 定数 c に対して, $E[c]=c$ が成り立つことを示せ.

$\boxed{2}$ 証明は後述するが, 期待値の演算については次の線形性の公式が成り立つ.

(i) X,Y を確率変数とするとき, $E[X+Y]=E[X]+E[Y]$

(ii) 定数 c に対して, $E[cX]=cE[X]$

期待値の線形性を利用して, $V[X]=E[X^2]-E[X]^2$ が成り立つことを示せ.

$\boxed{3}$ 確率変数 X と定数 a,b を用いて新たな確率変数 $Y=aX+b$ を考える. このとき, $V[Y]=a^2V[X]$ が成り立つことを示せ.

$\boxed{4}$ 離散型確率変数 X に対する期待値 $E[X],V[X]$ は, 変数 θ に対する積率母関数（モーメント母関数）$M(\theta)=E[e^{\theta X}]$ を用いて,

$$E[X]=M'(0), \qquad V[X]=M''(0)-M'(0)^2$$

と表されることを示せ.

解 説 $x_1,\dots,x_n$ を実現値としてとる**離散型確率変数** X が確率関数 $P_i(i=1,2,\dots,n)$ の確率分布に従うとき, μ をその期待値として分散 $V[X]$ は次のように定義される.

$$V[X]=\sum_{i=1}^{n}(x_i-\mu)^2 P_i$$

また, 標準偏差 σ は $\sigma=\sqrt{V[X]}$ として定義される.

期待値 $E[X]=\displaystyle\sum_{i=1}^{n}x_i P_i$ の式から, 整数 $k\geq 1$ に対して次のような k 次のモーメントを定義することができる.

原点のまわりの k 次のモーメント: $E[X^k]=\displaystyle\sum_{i=1}^{n}x_i^k P_i$

μ のまわりの k 次のモーメント: $E[(X-\mu)^k]=\displaystyle\sum_{i=1}^{n}(x_i-\mu)^k P_i$

上の定義により, $k=1$ のときは期待値に一致し, 分散 $V[X]$ は μ のまわりの 2 次のモーメントであることがわかる.

$e^{\theta X}$ をマクローリン展開すると, $e^{\theta X}=1+\dfrac{\theta X}{1!}+\dfrac{(\theta X)^2}{2!}+\dfrac{(\theta X)^3}{3!}+\cdots$ と表されるので,

$$M(\theta)=E[1+\frac{\theta}{1!}X+\frac{\theta^2}{2!}X^2+\frac{\theta^3}{3!}X^3+\cdots]$$

となり，期待値の線形性を利用すると

$$M(\theta) = E[1] + E[X] \cdot \frac{\theta}{1!} + E[X^2] \cdot \frac{\theta^2}{2!} + E[X^3] \cdot \frac{\theta^3}{3!} + \cdots$$

のように表せる．この式を θ で微分することにより，$E[X]$, $V[X]$ を導出することを考えれば良い．

解答

1　$E[c]$ は確率変数 X の実現値が c のみであることを意味するので，期待値の定義から $E[c] = \displaystyle\sum_{i=1}^{n} cP_i = c\sum_{i=1}^{n} P_i = c \cdot 1 = c$

2　期待値の線形性より，

$$\begin{aligned}
V[X] &= E[(X-\mu)^2] = E[X^2 - 2\mu X + \mu^2] \\
&= E[X^2] - 2\mu E[X] + \mu^2 E[1] = E[X^2] - 2\mu^2 + \mu^2 = E[X^2] - E[X]^2
\end{aligned}$$

3　$\begin{aligned}[t] V[Y] &= E[(Y - E[Y])^2] = E[\{aX + b - (a\mu + b)\}^2] = E[a^2(X-\mu)^2] \\ &= a^2 E[(X-\mu)^2] = a^2 V[X] \end{aligned}$

4　$M(\theta)$ を θ で微分して，

$$\begin{aligned}
M'(\theta) &= E[X] \cdot \frac{1}{1!} + E[X^2] \cdot \frac{2\theta}{2!} + E[X^3] \cdot \frac{3\theta^2}{3!} + \cdots \\
&= E[X] + E[X^2] \cdot \frac{\theta}{1!} + E[X^3] \cdot \frac{\theta^2}{2!} + \cdots
\end{aligned}$$

と表されるので，ここで $\theta = 0$ を代入すると $E[X] = M'(0)$ が得られる．さらに，$M'(\theta)$ を θ で微分すると，

$$\begin{aligned}
M''(\theta) &= E[X^2] \cdot \frac{1}{1!} + E[X^3] \cdot \frac{2\theta}{2!} + E[X^4] \cdot \frac{3\theta^2}{3!} + \cdots \\
&= E[X^2] + E[X^3] \cdot \frac{\theta}{1!} + E[X^4] \cdot \frac{\theta^2}{2!} + \cdots
\end{aligned}$$

と表されるので，2 より $V[X] = M''(0) - M'(0)^2$ が得られる．

| 問題 | 17 | 離散型確率分布（周辺確率分布・共分散） | 基本 |

$\boxed{1}$　離散型確率変数 X, Y と定数 a, b, c に対して，
$E[aX+bY+c]=aE[X]+bE[Y]+c$ が成り立つことを示せ．
$\boxed{2}$　離散型確率変数 X, Y と定数 a, b, c に対して，共分散 $C[X,Y]$ を用いて
$V[aX+bY+c]=a^2V[X]+2abC[X,Y]+b^2V[Y]$ と表せることを示せ．
$\boxed{3}$　離散型確率変数 X, Y が独立であるとき，　$E[XY]=E[X]\cdot E[Y]$ および
$V[aX+bY+c]=a^2V[X]+b^2V[Y]$ が成り立つことを示せ．

解 説　2 つの**離散型確率変数** $X=x_i\ (i=1,2,\ldots,m)$,　$Y=y_j\ (j=1,2,\ldots,n)$ に
対して，$(X,Y)=(x_i,y_j)$ である確率を $P_{ij}=P(X=x_i,Y=y_j)\ (i=1,2,\ldots,m,$
$j=1,2,\ldots,n)$ とおき，これを X, Y の確率関数と呼ぶ．より正確には，確率関数とは
$P_{XY}(x,y)$ として次のように定義される．

$$P_{XY}(x,y)=\begin{cases} P_{ij} & (x=x_i,\quad y=y_j)\quad (i=1,\ldots,m,\ j=1,\ldots,n)\\ 0 & (その他) \end{cases}$$

確率関数 P_{ij} は任意の i,j に対して $0\le P_{ij}\le 1$ であり，$\displaystyle\sum_{j=1}^{n}\sum_{i=1}^{m}P_{ij}=1$ が成り立つ
ことに注意せよ．また，$a\le X\le b$ かつ $c\le Y\le d$ であるとき，定義により，
$\displaystyle P(a\le X\le b,\ c\le Y\le d)=\sum_{c\le y_j\le d}\sum_{a\le x_i\le b}P_{ij}$ と表せる．

X の周辺確率分布 $P_X(x_i)$ とその分布関数 $F_X(x)$ は次のように定義される．

$$P_i=P_X(x_i)=\sum_{j=1}^{n}P_{ij}\quad (i=1,\ldots,m)$$

$$F_X(x)=P_X(X\le x)=\sum_{x_i\le x}P_X(x_i)$$

同様に，Y の周辺確率分布 $P_Y(y_j)$ とその分布関数 $F_Y(y)$ は次のように定義される．

$$P_j=P_Y(y_j)=\sum_{j=1}^{m}P_{ij}\quad (j=1,\ldots,m)$$

$$F_Y(y)=P_Y(Y\le y)=\sum_{y_j\le y}P_Y(y_j)$$

X, Y による関数 $g(X,Y)$ に対する期待値 $E[g(X,Y)]$ は，
$\displaystyle E[g(X,Y)]=\sum_{j=1}^{n}\sum_{i=1}^{m}g(x_i,y_j)P_{ij}$ として定義される．離散型 2 変数 X, Y の確率分布の
期待値 μ_X, μ_Y，分散 σ_X^2, σ_Y^2，**共分散** σ_{XY} はそれぞれ次のように定義される．

$$\mu_X = E[X] = \sum_{i=1}^{m} x_i \cdot P_X(x_i) = \sum_{j=1}^{n} \sum_{i=1}^{m} x_i P_{ij}$$

$$\mu_Y = E[Y] = \sum_{j=1}^{n} y_j \cdot P_Y(y_j) = \sum_{j=1}^{n} \sum_{i=1}^{m} y_j P_{ij}$$

$$\sigma_X^2 = V[X] = E[(X-\mu_X)^2] = \sum_{i=1}^{m} (x_i-\mu_X)^2 \cdot P_X(x_i) = \sum_{j=1}^{n} \sum_{i=1}^{m} (x_i-\mu_X)^2 P_{ij}$$

$$= E[X^2] - E[X]^2$$

$$\sigma_Y^2 = V[Y] = E[(Y-\mu_Y)^2] = \sum_{j=1}^{n} (y_j-\mu_Y)^2 \cdot P_Y(y_i) = \sum_{j=1}^{n} \sum_{i=1}^{m} (y_j-\mu_Y)^2 P_{ij}$$

$$= E[Y^2] - E[Y]^2$$

$$\sigma_{XY} = C[X,Y] = E[(X-\mu_X)(Y-\mu_Y)] = E[XY] - E[X] \cdot E[Y]$$

離散型確率変数 X, Y が従う確率分布の確率関数 $P_{XY}(x,y)$ が $P_{XY}(x,y) = P_X(x) \cdot P_Y(y)$ を満たすとき，X と Y は独立であるという．

解答

1 $$E[aX+bY+c] = \sum_{j=1}^{n} \sum_{i=1}^{m} (ax_i+by_j+c)P_{ij}$$

$$= a \sum_{j=1}^{n} \sum_{i=1}^{m} x_i P_{ij} + b \sum_{j=1}^{n} \sum_{i=1}^{m} y_j P_{ij} + c \sum_{j=1}^{n} \sum_{i=1}^{m} P_{ij}$$

$$= aE[X] + bE[Y] + c$$

2 $$V[aX+bY+c] = E[\{aX+bY+c-(a\mu_X+b\mu_Y+c)\}^2]$$

$$= a^2 E[(X-\mu_X)^2] + 2ab E[(X-\mu_X)(Y-\mu_Y)] + b^2 E[(Y-\mu_Y)^2]$$

$$= a^2 V[X] + 2ab C[X,Y] + b^2 V[Y]$$

3 仮定より，$P_{XY}(x,y) = P_X(x) \cdot P_Y(y)$ が成り立つので，

$$E[XY] = \sum_{j=1}^{n} \sum_{i=1}^{m} x_i y_j P_{XY}(x_i, y_j) = \sum_{j=1}^{n} \sum_{i=1}^{m} x_i y_j P_X(x_i) \cdot P_Y(y_j)$$

$$= \left\{ \sum_{i=1}^{m} x_i P_X(x_i) \right\} \cdot \left\{ \sum_{j=1}^{n} y_j P_Y(y_j) \right\} = E[X] \cdot E[Y]$$

が成り立つ．また，これにより，$C[X,Y] = E[XY] - E[X] \cdot E[Y] = 0$ が得られるので，2 より $V[aX+bY+c] = a^2 V[X] + b^2 V[Y]$ が示される．

| 問題 | *18* | 離散型確率分布（二項分布） | 基本 |

$\boxed{1}$　離散型確率変数 $X = 0, 1, \ldots, n$ について，確率変数

$$P(X = x) = {}_nC_x p^x \cdot q^{n-x} \ (x = 0, 1, \ldots, n, \quad 0 < p < 1, \quad p + q = 1)$$

で表される確率分布を二項分布と呼び，$B(n, p)$ で表す．積率母関数 $M(\theta) = E[e^{\theta X}]$ を利用することにより $B(n, p)$ の期待値 μ と分散 σ^2 を求めよ．

$\boxed{2}$　ある農家で取れたりんごについて，不作のため 2 割が傷んでいると仮定する．取れたりんごのなかから無作為に 8 個選んだとき，3 個以上傷んでいる確率を求めよ．

$\boxed{3}$　ある慈善活動で 1 軒あたり 1000 円の寄付を募る目的で 100 軒の家庭を訪問し，各家庭において 20% の確率で寄付に応じてもらえると仮定する．この寄付活動で得られる寄付収入の平均と分散を求めよ．

$\boxed{4}$　ある工場の製品において 10% が不良品であるという．この工場の製品を無作為に何個か選んで少なくとも 1 つは不良品が含まれるという確率を 95% 以上にするためには製品を何個以上選ぶべきか．

解 説　まずは基礎事項を確認しよう．離散型確率変数 X による関数 $g(X)$ の期待値 $E[g(X)]$ は

$$E[g(X)] = \sum_x g(x) P(X = x)$$

として定義されるので，$E[e^{\theta X}] = \sum_{x=0}^{n} e^{\theta x} \cdot P(X = x)$ と表せることに注意せよ．

$\boxed{1}$　$M(\theta) = E[e^{\theta X}] = \sum_{x=0}^{n} e^{\theta x} \cdot P(X = x) = \sum_{x=0}^{n} e^{\theta x} \cdot {}_nC_x p^x \cdot q^{n-x} = \sum_{x=0}^{n} {}_nC_x (pe^{\theta})^x \cdot q^{n-x}$ と表せるので，二項定理 $\sum_{i=0}^{n} {}_nC_i a^i b^{n-i} = (a + b)^n$ を $a = pe^{\theta}$, $b = q$ に対して適用すると $M(\theta) = (pe^{\theta} + q)^n$ と表せる．問題 16 $\boxed{4}$ より，$\mu = M'(0)$, $\sigma^2 = M''(0) - M'(0)$ が成り立つので，$M'(\theta), M''(\theta)$ をそれぞれ求めて $\theta = 0$ を代入すれば良い．

$\boxed{2}$　8 個のりんごのうち傷んでいるものの数を X とおくと，X は $n = 8$, $p = 0.2$ の二項分布 $P(X = x) = {}_8C_x (0.2)^x (0.8)^{8-x} \ (x = 0, 1, \ldots, 8)$ に従うことを利用する．

$\boxed{3}$　この寄付活動で得られる寄付収入を X とおくと，X は $n = 100$, $p = 0.2$ の二項分布に従うことを利用する．

$\boxed{4}$　n 個の製品の中に含まれる不良品の個数を X とおくと，X は二項分布 $Bi(n, 0.1)$ に従うことを利用する．

解 答

$\boxed{1}$　$M'(\theta) = n(pe^\theta + q)^{n-1}(pe^\theta + q)' = npe^\theta \cdot (pe^\theta + q)^{n-1},$

$M''(\theta) = np[(e^\theta)' \cdot (pe^\theta + q)^{n-1} + e^\theta \{(pe^\theta + q)^{n-1}\}']$

$\qquad = np\{e^\theta \cdot (pe^\theta + q)^{n-1} + e^\theta \cdot (n-1) \cdot (pe^\theta + q)^{n-2} \cdot (pe^\theta + q)'\}$

$\qquad = npe^\theta \cdot \{(pe^\theta + q)^{n-1} + (n-1)pe^\theta(pe^\theta + q)^{n-2}\}$

したがって

$M'(0) = np \cdot e^0(pe^0 + q)^{n-1} = np(p+q)^{n-1} = np$

$M''(0) = np \cdot e^0 \cdot \{pe^0 + q)^{n-1} + (n-1)pe^0(pe^0 + q)^{n-2}\}$

$\qquad = np\{(p+q)^{n-1} + (n-1)p(p+q)^{n-2}\} = np\{1 + (n-1)p\}$

と表せるので，

$\mu = M'(0) = np,$

$\sigma^2 = M''(0) - M'(0) = np\{1 + (n-1)p\} - (np)^2 = np + n(n-1)p^2 - n^2p^2$

$\qquad = np(1-p) = npq$

$\boxed{2}$　$P(X \geq 3) = 1 - P(X=0) - P(X=1) - P(X=2)$

$\qquad\qquad = 1 - (0.8)^8 - 8(0.2)(0.8)^7 - {}_8C_2(0.2)^2(0.8)^6 = 0.342$

$\boxed{3}$　(1) より $\mu = 100 \cdot 0.2 = 20, \quad \sigma^2 = 100 \cdot 0.2 \cdot 0.8 = 16$

$\boxed{4}$　条件より $P(X \geq 1) = 1 - (0.9)^n \geq 0.95.$ これより

$$(0.9)^n \leq 0.05 \quad \Longleftrightarrow \quad n \geq \frac{\log 0.05}{\log 0.9} = 28.4$$

したがって 29 個以上選べば良い．

| 問題 | *19* | 離散型確率分布（ポアソン分布） | 基本 |

1　下記の説明文において，二項分布からポアソン分布を導出することを説明するための適切な数値・数式を空欄に入れよ．

離散型確率関数 $f(x)$ が二項分布に従い，$x = 0, 1, \ldots, n$ に対して

$$f(x) = {}_nC_x p^x (1-p)^{n-x}$$

と表されるとする．

期待値が $\mu = np$ であるポアソン分布に従う確率密度関数 $g(x) = e^{-\mu} \cdot \dfrac{\mu}{x!}$ を $f(x)$ において μ が一定の値をとるという条件のもとで $n \to \infty$，$p \to 0$ とすることにより導出したい．

まず，$f(x)$ において $p = \dfrac{\mu}{n}$ を代入して二項係数を展開した形で表すと

$$f(x) = \frac{n(n-1)(n-2)\cdots(n-x+\boxed{\text{ア}})}{x!} \cdot \left(\frac{\mu}{n}\right)^x \left(1 - \frac{\mu}{n}\right)^{n-x}$$

$$= \left(1 - \frac{1}{n}\right) \cdot \left(1 - \frac{2}{n}\right) \cdots \left(1 - \frac{x-1}{n}\right) \cdot \frac{\mu^x}{x!} \cdot \left\{ \left(1 + \boxed{\text{イ}}\right)^{-\frac{n}{\mu}} \right\}^{-\mu} \cdot \left(1 + \frac{1}{\boxed{\text{イ}}}\right)^{-x}$$

ここで，$n \to \infty$ とすると，

$\left(1 - \dfrac{1}{n}\right), \left(1 - \dfrac{2}{n}\right), \ldots, \left(1 - \dfrac{x-1}{n}\right)$ はそれぞれ $\boxed{\text{ウ}}$ に収束し，

$\left\{ \left(1 + \boxed{\text{イ}}\right)^{-\frac{n}{\mu}} \right\}^{-\mu} \cdot \left(1 + \dfrac{1}{\boxed{\text{イ}}}\right)^{-x}$ は $\boxed{\text{エ}}$ に収束する．

したがって，$g(x) = e^{-\mu} \cdot \dfrac{\mu}{x!}$　$(x = 0, 1, \ldots, n)$ が導出される．

2　ポアソン分布の期待値と分散を積率母関数 $E[e^{\theta X}] = \displaystyle\sum_{x=0}^{\infty} e^{\theta x} \cdot g(x)$ を計算することにより求めよ．

3　ある田舎の道路では，1 時間に平均 3 台の車が通過する．確率変数 X を 1 時間にこの道路を通過する車の台数とし，平均 $\mu = 3$ のポアソン分布に従うものとするとき，この道路に 1 時間に 4 台以上車が通過する確率を求めよ．

解 説　**1**　$f(x)$ は n をくくり出す形に式変形すると

$$f(x) = \frac{n^x \cdot 1 (1 - \frac{1}{n}) \cdot (1 - \frac{2}{n}) \cdots \left(1 - \frac{x-1}{n}\right)}{x!} \cdot \frac{\mu^x}{n^x} \cdot \left(1 - \frac{\mu}{n}\right)^n \cdot \left(1 - \frac{\mu}{n}\right)^{-x}$$

と表せるので，この式を整理すれば良い．

また，$\displaystyle\lim_{\theta \to \infty} (1 + \frac{1}{\theta})^{\theta} = \lim_{\theta \to -\infty} (1 + \frac{1}{\theta})^{\theta} = e$ であることに注意せよ．

$\boxed{2}$　$E[e^{\theta X}] = \sum_{x=0}^{\infty} e^{\theta x} \cdot g(x) = e^{-\mu} \cdot \sum_{x=0}^{\infty} \frac{(\mu e^{\theta})^x}{x!}$　とおけることと

$$e^{\mu e^{\theta}} = \frac{(\mu e^{\theta})^0}{0!} + \frac{(\mu e^{\theta})^1}{1!} + \frac{(\mu e^{\theta})^2}{2!} + \cdots$$

のようにマクローリン展開できることを利用すれば良い.

$\boxed{3}$　ポアソン分布の確率密度関数を $g(x)$ とおくと, $\mu = 3$ なので,

$$g(x) = e^{-3} \cdot \frac{3^x}{x!} \qquad (x = 0, 1, 2, \ldots)$$

と表せる. 余事象の確率を考えて, 3 台以下しか通過しない確率 $P(X \leq 3)$ を全確率 1 から引いて求めればよい.

解 答

$\boxed{1}$　(ア) 1　　(イ) $-\frac{n}{\mu}$　　(ウ) 1　　(エ) e

$\boxed{2}$　$E[e^{\theta X}] = e^{-\mu} \cdot e^{\mu e^{\theta}}$ と表せるので, これより $M(\theta) = e^{-\mu} \cdot e^{\mu e^{\theta}}$ とおいて θ で微分すると,

$$M'(\theta) = e^{-\mu} \cdot e^{\mu e^{\theta}} \cdot \mu e^{\theta} = \mu e^{-\mu} \cdot e^{\mu e^{\theta} + \theta}$$

さらに θ で微分すると,

$$M''(\theta) = \mu e^{-\mu} e^{\mu e^{\theta} + \theta} (\mu e^{\theta} + 1)$$

したがって,　$M'(0) = \mu, M''(0) = \mu \cdot e^{-\mu} \cdot e^{\mu}(\mu + 1) = \mu^2 + \mu$

以上より, ポアソン分布の期待値は

$$E[X] = M'(0) = \mu$$

分散は

$$V[X] = M''(0) - M'(0)^2 = \mu^2 + \mu - \mu^2 = \mu$$

であることが示された.

$\boxed{3}$　$P(X \geq 4) = 1 - P(X \leq 3) = 1 - \{g(0) + g(1) + g(2) + g(3)\}$
$= 1 - \left(e^{-3} \cdot \frac{3^0}{0!} + e^{-3} \cdot \frac{3}{1!} + e^{-3} \cdot \frac{3^2}{2!} + e^{-3} \cdot \frac{3^2}{3!} \right) = 1 - e^{-3}\left(1 + 3 + \frac{9}{2} + \frac{9}{2} \right) = 1 - \frac{13}{e^3}$

| 問題 | 20 | 離散型確率分布（復習問題） | 基本 |

$\boxed{1}$　袋の中に 10 円，50 円，100 円，500 円の硬貨がいくつか入っていて，いま袋から硬貨を一枚取り出すとき，得られる金額 X を確率変数として考える．それぞれの金額の硬貨が出る確率はその金額に比例するとする．つまり，ある定数 c を用いて硬貨を一枚取り出すときに得られる金額 a に関する確率 $P(X=a)$ は次のように表せると仮定する．

$$P(X=a) = ca$$

これが確率分布となるための定数 c を求めよ．

$\boxed{2}$　サイコロを 1 個振って偶数の目が出れば 2 千円，奇数の目が出れば千円もらえるとする．もらえる金額を確率変数として X とおき，$Y=3X-500$ とおくとき，Y の期待値と分散を求めよ．

$\boxed{3}$　ある会社員が自宅からタクシーで通勤すると 8 分で会社に行けると仮定する．タクシーが捕まらないときには自宅前の駅から電車で 9 分かけて会社の最寄り駅まで行き，そこから歩いて 15 分かけて会社まで行くとする．タクシーが捕まらない確率が $\frac{1}{4}$ であるとき，この会社員が自宅から会社までかかる時間（分）の平均と分散を求めよ．

$\boxed{4}$　ある地域の住人は 200 人に一人の割合で風邪をひいているという．今この地域の住人から 10 名を選出するとき，このなかに風邪をひいている人の人数 X がポアソン分布に従うと仮定すると，10 名のなかで風邪をひいている人がちょうど一名含まれる確率を求めよ．

$\boxed{5}$　サイコロ 1 個を 5 回振るという試行を考えて，出る目が偶数である回数を確率変数 X とおくとき，X の期待値と分散を求めよ．

| 解 説 | $\boxed{1}$　全確率の条件で X の取り得る値の確率の総和が 1 であることを利用して c を求めれば良い．

$\boxed{2}$　X の期待値と分散を求めて，期待値や分散について成り立つ性質を利用する．

$\boxed{3}$　会社員が自宅から会社までかかる時間（分）を X とおいて定義に従って期待値や分散を求めれば良い．

$\boxed{4}$　$n=10$，$p=\frac{1}{200}$ としてポアソン分布の定義に従って確率を求めれば良い．

$\boxed{5}$　X は二項分布に従うので，二項分布の期待値と分散について成り立つ性質を利用する．

解答

1 全確率の条件から，

$$P(X=10)+P(X=50)+P(X=100)+P(X=500)=c(10+50+100+500)=1$$

が成り立つので，これを c について解くと

$$c=\frac{1}{660}$$

2 確率変数 X はそれぞれ $\frac{1}{2}$ の確率で $X=1000, 2000$ の値をとるので，X の期待値は $E[X]=1000\times\frac{1}{2}+2000\times\frac{1}{2}=1500$, 分散は $V[X]=E[X^2]-E[X]^2=1000^2\times\frac{1}{2}+2000^2\times\frac{1}{2}-1500^2=250000$. したがって，

$$E[Y]=3E[X]-500=4000, \qquad V[Y]=3^2\cdot V[X]=3^2\times250000=2250000$$

3 会社員が自宅から会社までかかる時間（分）を X とおくと，X の取り得る値は $X=8$ または $X=9+15=24$ の 2 つである．それぞれの値に対する確率は条件より $P(X=8)=\frac{3}{4}$, $P(X=24)=\frac{1}{4}$ である．したがって，

$$E[X]=8\times\frac{3}{4}+24\times\frac{1}{4}=12, \qquad V[X]=8^2\times\frac{3}{4}+24^2\times\frac{1}{4}-12^2=48$$

4 この地域の住民を 1 名選出したときに風邪をひいている確率 p は $p=\frac{1}{200}$ であり，選出した人数 n は $n=10$ であることから $\lambda=np=\frac{1}{20}$ なので，

$$P(X=1)=\frac{e^{-\frac{1}{20}}\times\frac{1}{20}}{1!}=\frac{1}{20e^{\frac{1}{20}}}\fallingdotseq0.048$$

5 確率変数 X の取り得る値は $X=0,1,2,3,4,5$ でサイコロを 1 回振ったときに偶数の目が出る確率は $\frac{1}{2}$ なので，$k=0,1,2,3,4,5$ に対する確率 $P(X=k)$ の値は

$$P(X=k)={}_5\mathrm{C}_k\left(\frac{1}{2}\right)^k\left(\frac{1}{2}\right)^{5-k}$$

と表せる．このことは X は二項分布 $B\left(5,\frac{1}{2}\right)$ に従うことを示しているので，X の期待値は $E[X]=5\times\frac{1}{2}=\frac{5}{2}$, 分散は $V[X]=5\times\frac{1}{2}\times\frac{1}{2}=\frac{5}{4}$

問題	21	連続型確率分布（導入）	基本

$\boxed{1}$　連続型確率変数 X が確率密度関数 $f(x)$ の確率分布に従うとき，分散 $\sigma^2 (= V[X])$ について $V[X] = E[X^2] - E[X]^2$ が成り立つことを示せ．

$\boxed{2}$　確率密度関数 $f(x) = \begin{cases} 4x & (0 \leq x \leq a) \\ 0 & (x < 0 \text{ または } a < x) \end{cases}$　で与えられた確率分布を考えるとき，a の値を定めよ．さらに，この分布の期待値 μ と分散 σ^2 を求めよ．

$\boxed{3}$　確率密度関数 $f(x) = \begin{cases} \frac{1}{2} \sin x & (0 \leq x \leq \pi) \\ 0 & (x < 0 \text{ または } \pi < x) \end{cases}$　で与えられた確率分布を考えるとき，この分布の標準偏差 σ を求めよ．

解説　連続型確率変数 X に対して $P(a \leq X \leq b) = \displaystyle\int_a^b f(x)dx$　$(a \leq b)$ となる連続関数 $f(x)$ が存在するとき，$f(x)$ を X の確率密度関数という．この形より，連続型確率変数 X における確率とは連続関数 $y = f(x)$ を直線 $x = a$，$x = b$ と x 軸で囲まれる面積としてとらえることができる．$a = b$ のとき，$f(x)$ がどんな関数であっても定義により $P(X = a) = \displaystyle\int_a^a f(x)dx = 0$ が成り立つことに注意せよ．このことから，連続型確率変数における確率を考える際には，a から b の区間を考えるときに a, b の両端を含むか否かの区別は気にしなくて良くなり，$\displaystyle\int_a^b f(x)dx = P(a \leq X \leq b) = P(a < X \leq b) = P(a \leq X < b) = P(a < X < b)$ が成り立つ．確率が 1 になるのは X が考えられる全区間をとり得る場合を考えることになるので，$P(-\infty < X < \infty) = \displaystyle\int_{-\infty}^{\infty} f(x)dx = 1$ が成り立つ．この性質は全確率と呼ばれる．

　連続型確率変数における期待値 $\mu = E[X]$，$\sigma^2 = V[X]$ は以下のように定義される．

$$E[X] = \int_{-\infty}^{\infty} xf(x)dx$$

$$V[X] = \int_{-\infty}^{\infty} (x - \mu)^2 f(x)dx$$

標準偏差は離散型確率変数の場合と同様に $\sigma = \sqrt{V[X]}$ で定義される．

　また，整数 $k \geq 1$ に対して，原点のまわりの k 次のモーメント，μ のまわりの k 次のモーメントをそれぞれ次のように定義する．

$$E[X^k] = \int_{-\infty}^{\infty} x^k f(x)dx$$

$$E[(X - u)^k] = \int_{-\infty}^{\infty} (x - \mu)^k f(x)dx$$

この定義より，期待値は原点のまわりの 1 次のモーメントであり，分散は μ のまわりの 2 次のモーメントであることに注意せよ．

解答

1 分散の定義より，

$$\sigma^2 = \int_{-\infty}^{\infty} (x-\mu)^2 f(x)dx = \int_{-\infty}^{\infty} (x^2 - 2\mu x + \mu^2) f(x)dx$$

$$= \int_{-\infty}^{\infty} x^2 f(x)dx - 2\mu \int_{-\infty}^{\infty} x f(x)dx + \mu^2 \int_{-\infty}^{\infty} f(x)dx$$

$$= E[X^2] - 2\mu^2 + \mu^2 \cdot 1 = E[X^2] - \mu^2 = E[X^2] - E[X]^2$$

2 確率密度関数 $f(x)$ は $\int_{-\infty}^{\infty} f(x)dx = 1$ を満たさなければならないので，

$$\int_{-\infty}^{\infty} f(x)dx = \int_0^a 4x dx = \Big[2x^2\Big]_0^a = 2a^2 = 1, \quad \text{したがって，} \quad a = \frac{1}{\sqrt{2}}$$

よって期待値と分散は定義より，

$$\mu = E[X] = \int_{-\infty}^{\infty} x \cdot f(x)dx = \int_0^{\frac{1}{\sqrt{2}}} x \cdot 4x dx = \Big[\frac{4}{3}x^3\Big]_0^{\frac{1}{\sqrt{2}}} = \frac{\sqrt{2}}{3}$$

$$\sigma^2 = V[X] = E[X^2] - E[X]^2 = \int_{-\infty}^{\infty} x^2 \cdot f(x)dx - \left(\frac{\sqrt{2}}{3}\right)^2 = \int_0^{\frac{1}{\sqrt{2}}} x^2 \cdot 4x dx - \frac{2}{9}$$

$$= \Big[x^4\Big]_0^{\frac{1}{\sqrt{2}}} - \frac{2}{9} = \frac{1}{4} - \frac{2}{9} = \frac{1}{36}$$

3 $\sigma = \sqrt{V[X]}$ なので，μ, σ^2 を順次求めることにより解を得る方針で計算する．

$$\mu = E[X] = \int_{-\infty}^{\infty} x \cdot f(x)dx = \int_0^{\pi} x \cdot \frac{1}{2}\sin x dx = \frac{1}{2}\int_0^{\pi} x \cdot (-\cos x)' dx$$

$$= \frac{1}{2}\left\{-\Big[x\cos x\Big]_0^{\pi} - \int_0^{\pi} 1 \cdot (-\cos x)dx\right\} = \frac{1}{2}\left\{\pi + \Big[\sin x\Big]_0^{\pi}\right\} = \frac{\pi}{2}$$

$$\sigma^2 = E[X^2] - E[X]^2 = \int_{-\infty}^{\infty} x^2 \cdot f(x)dx - \left(\frac{\pi}{2}\right)^2 = \int_0^{\pi} x^2 \cdot \frac{1}{2}\sin x dx - \frac{\pi^2}{4}$$

$$= \frac{1}{2}\int_0^{\pi} x^2 \cdot (-\cos x)' dx - \frac{\pi^2}{4} = \frac{1}{2}\left\{-\Big[x^2\cos x\Big]_0^{\pi} + \int_0^{\pi} 2x\cos x dx\right\} - \frac{\pi^2}{4}$$

$$= \frac{1}{2}\left\{\pi^2 + 2\int_0^{\pi} x \cdot (\sin x)' dx\right\} - \frac{\pi^2}{4} = \frac{\pi^2}{4} + \Big[x\sin x\Big]_0^{\pi} - \int_0^{\pi} \sin x dx$$

$$= \frac{\pi^2}{4} + \Big[\cos x\Big]_0^{\pi} = \frac{\pi^2}{4} - 2 = \frac{\pi^2 - 8}{4}$$

したがって，$\quad \sigma = \sqrt{V[X]} = \dfrac{\sqrt{\pi^2 - 8}}{2}$

| 問題 | 22 | 連続型確率分布（一様分布など） | 基本 |

$\boxed{1}$　連続型確率変数 X が確率密度関数 $f(x) = \begin{cases} \frac{1}{2} & (0 \leq x \leq 2) \\ 0 & (x < 0 \text{ または } 2 < x) \end{cases}$　による

確率分布に従うとき，確率 $P(\frac{1}{4} < X < 1)$ を求めよ．

$\boxed{2}$　連続型確率変数 X が確率密度関数 $f(x) = \begin{cases} \frac{3}{4}(1-x^2) & (-1 \leq x \leq a) \\ 0 & (x < 0 \text{ または } a < x) \end{cases}$　によ

る確率分布に従うとき，定数 a の値を求め，さらに確率 $P(0 < X < a)$ を求めよ．

$\boxed{3}$　連続型確率変数 X が確率密度関数 $f(x) = \begin{cases} \frac{1}{2}\sin x & (0 \leq x \leq \pi) \\ 0 & (x < 0 \text{ または } \pi < x) \end{cases}$　による

確率分布に従うとき，確率 $P(-\infty < X < a) = \frac{1}{2}$ となるような a の値を求めよ．

解説　本問に関連するいくつかの基礎事項を確認しよう．連続型確率変数 X に対する分布関数 $F(x)$ は確率密度関数を $f(x)$ として次のように定義される．

$$F(x) = P(X \leq x) = \int_{-\infty}^{x} f(t)dt$$

定義により，次の性質が成り立つことがわかる．

(i)　$a \leq b$ のとき，$F(a) \leq F(b)$

(ii)　$F(-\infty) = 0$

(iii)　$F(\infty) = 1$

(iv)　$P(a \leq X \leq b) = F(b) - F(a)$

ここでこれらの性質が成り立つことを確認してみよう．

(i) は $F(a)$ は定義式より $y = f(x)$ の曲線と x 軸について $x = -\infty$ から $x = a$ までの区間で切り取られる領域の面積を意味しており，$F(b)$ については同様に考えて $x = b$ までの区間で切り取られる領域の面積なので $a \leq b$ であれば $F(a)$ に対応する領域は $F(b)$ で対応する領域に含まれるので $F(a) \leq F(b)$ が成り立つ．

(ii) は定義式より，明らかに $F(-\infty) = \int_{-\infty}^{-\infty} f(t)dt = 0$ が成り立つ．

(iii) については，全確率より $F(\infty) = \int_{-\infty}^{\infty} f(t)dt = 1$ が成り立つ．

(iv) は連続型確率変数における確率と積分計算から，

$$P(a \leq X \leq b) = \int_{a}^{b} f(t)dt = \int_{-\infty}^{b} f(t)dt - \int_{-\infty}^{a} f(t)dt = F(b) - F(a)$$

が成り立つ．

a, b を定数とし，$P(a < X < b) = 1$ で確率密度関数

$$f(x) = \begin{cases} \dfrac{1}{b-a} & (a < x < b) \\ 0 & (その他) \end{cases}$$

による確率分布は (a, b) 上の**一様分布**と呼ばれる．定数 $a < \alpha < \beta < b$ に対して，

$$P(\alpha < X < \beta) = \int_\alpha^\beta f(t)dt = \int_\alpha^\beta \frac{1}{b-a}dt = \frac{\beta - \alpha}{b - a}$$

が成り立つので，$\boxed{1}$ はこの事実を適用すれば良い．$\boxed{2}$ は全確率の条件から a を求めることにより解き進めれば良い．$\boxed{3}$ は問題の条件をもとに計算で求められる．

解答

$\boxed{1}$　$P\left(\dfrac{1}{4} < X < 1\right) = \int_{\frac{1}{4}}^1 \frac{1}{2}dt = \left[\frac{1}{2}x\right]_{\frac{1}{4}}^1 = \frac{1}{2}\left(1 - \frac{1}{4}\right) = \frac{3}{8}$

$\boxed{2}$　全確率の条件を考えると，

$$\int_{-\infty}^\infty f(x)dx = 1 \quad \Longleftrightarrow \quad \int_{-1}^a \frac{3}{4}(1 - x^2)dx = 1$$

これより

$$\left[\frac{3}{4}x - \frac{x^3}{4}\right]_{-1}^a = \frac{3}{4}a - \frac{a^3}{4} - \left(-\frac{3}{4} + \frac{1}{4}\right) = 1 \quad \Longleftrightarrow \quad a^3 - 3a + 2 = 0$$

$$\Longleftrightarrow \quad (a-1)^2(a+2) = 0$$

条件より，$a \geq -1$ なのでこれを満たすのは，$a = 1$ である．したがって

$$P(0 < X < a) = P(0 < X < 1) = \int_0^1 \frac{3}{4}(1 - x^2)dx = \left[\frac{3}{4}x - \frac{x^3}{4}\right]_0^1 = \frac{1}{2}$$

$\boxed{3}$　条件より

$$P(-\infty < X < a) = \int_{-\infty}^a \frac{1}{2}\sin x dx = \int_0^a \frac{1}{2}\sin x dx = \frac{1}{2} \quad \Longleftrightarrow \quad \left[-\frac{1}{2}\cos x\right]_0^a = \frac{1}{2}$$

$$\Longleftrightarrow \quad \frac{1}{2}(1 - \cos a) = \frac{1}{2}$$

条件より $a \leq \pi$ であることから，これを満たす a の値は $a = \dfrac{\pi}{2}$

| 問題 | 23 | 連続型確率分布（期待値・分散・共分散） | 基本 |

[1] 連続型確率変数 X, Y について，X の分散 σ_X^2 が $\sigma_X^2 = E[X^2] - E[X]^2$ と表せることを示せ．

[2] 連続型確率変数 X, Y について，共分散 σ_{XY} が $\sigma_{XY} = E[XY] - E[X] \cdot E[Y]$ と表せることを示せ．

[3] 連続型確率変数 X, Y について，
$V[aX + bY + c] = a^2 V[X] + 2ab \cdot C[X, Y] + b^2 V[Y]$ が成り立つことを示せ．

[4] 連続型確率変数 X, Y について，X, Y が独立のとき，以下の等式を示せ．

 (i) $E[XY] = E[X] \cdot E[Y]$

 (ii) $\sigma_{XY} = C[X, Y] = 0$

 (iii) $V[aX + bY + c] = a^2 V[X] + b^2 V[Y]$

解 説 問題を解く前に連続型 2 変数の確率分布に関する基本的な定義と性質を確認しておこう．連続型確率変数 X, Y について，$a \le X \le b$ かつ $c \le Y \le d$ となる確率 $P(a \le X \le b,\ c \le Y \le d)$ が

$$P(a \le X \le b,\ c \le Y \le d) = \iint_D f_{XY}(x, y) dx dy$$

$$(ここで\ D = \{(x, y)|\ a \le x \le b,\ c \le y \le d\})$$

で表されるとき，$f_{XY}(x, y)$ を X, Y の確率密度関数という．$f_{XY}(x, y)$ は次の二つの性質を満たす．

 (i) 任意の $(x, y) \in D$ に対して $f_{XY}(x, y) \ge 0$

 (ii) $\displaystyle\int_{-\infty}^{\infty} \int_{-\infty}^{\infty} f_{XY}(x, y) dx dy = 1$

また，X, Y の周辺確率密度関数 $f_X(x), f_Y(y)$ はそれぞれ次の式で表される．

$$f_X(x) = \int_{-\infty}^{\infty} f_{XY}(x, y) dy, \qquad f_Y(y) = \int_{-\infty}^{\infty} f_{XY}(x, y) dx$$

任意の $(x, y) \in D$ に対して $f_{XY}(x, y) = f_X(x) \cdot f_Y(y)$ が成り立つとき，X, Y は独立であるという．

X, Y の期待値 $\mu_X = E[X]$，　$\mu_Y = E[Y]$ はそれぞれ周辺確率密度関数 $f_X(x), f_Y(y)$ を用いて次の式で表される．

$$E[X] = \int_{-\infty}^{\infty} x \cdot f_X(x) dx, \qquad E[Y] = \int_{-\infty}^{\infty} y \cdot f_Y(y) dy$$

2 変数関数 $g(X, Y)$ の期待値 $E[g(X, Y)]$ は次の式で定義される．

$$E[g(X, Y)] = \int_{-\infty}^{\infty} \int_{-\infty}^{\infty} g(x, y) f_{XY}(x, y) dx dy$$

これより，期待値の線形性 $E[aX + bY + c] = aE[X] + bE[Y] + c$ が連続型確率変数に

おいても成り立つことが容易に確認できる．なぜなら，$g(X,Y)=aX+bY+c$ を代入して

$$E[aX+bY+c] = \int_{-\infty}^{\infty}\int_{-\infty}^{\infty}(ax+by+c)f_{XY}(x,y)dxdy$$

$$= a\int_{-\infty}^{\infty}\int_{-\infty}^{\infty}(xf_{XY}(x,y)dxdy + b\int_{-\infty}^{\infty}\int_{-\infty}^{\infty}yf_{XY}(x,y)dxdy$$

$$+ c\int_{-\infty}^{\infty}\int_{-\infty}^{\infty}f_{XY}(x,y)dxdy$$

$$= aE[X]+bE[Y]+c$$

と表せるからである．

X の分散 $\sigma_X^2 = V[X]$ の定義は $\sigma_X^2 = E[(X-\mu_X)^2]$, X,Y の共分散 $\sigma_{XY} = C[X,Y]$ の定義は $C[X,Y] = E[(X-\mu_X)(Y-\mu_Y)]$ であるので，上で確認した事項をもとに計算すればよい．

解答

1　$\sigma_X^2 = V[X] = E[(X-\mu_X)^2] = \int_{-\infty}^{\infty}\int_{-\infty}^{\infty}(x-\mu_X)^2 f_{XY}(x,y)dxdy$

$$= \int_{-\infty}^{\infty}\int_{-\infty}^{\infty}(x^2-2x\mu_X+\mu_X^2)f_{XY}(x,y)dxdy = \int_{-\infty}^{\infty}\int_{-\infty}^{\infty}x^2 \cdot f_{XY}(x,y)dxdy$$

$$-2\mu_X\int_{-\infty}^{\infty}\int_{-\infty}^{\infty}x \cdot f_{XY}(x,y)dxdy + \mu_X^2\int_{-\infty}^{\infty}\int_{-\infty}^{\infty}f_{XY}(x,y)dxdy$$

$$= E[X^2]-2\mu_X^2+\mu_X^2 \cdot 1 = E[X^2]-\mu_X^2 = E[X^2]-E[X]^2$$

2　$\sigma_{XY} = C[X,Y] = E[(X-\mu_X)(Y-\mu_Y)] = \int_{-\infty}^{\infty}\int_{-\infty}^{\infty}(x-\mu_X)(y-\mu_Y)f_{XY}(x,y)dxdy$

$$= \int_{-\infty}^{\infty}\int_{-\infty}^{\infty}(xy-\mu_X y-\mu_Y x+\mu_X\mu_Y)f_{XY}(x,y)dxdy = \int_{-\infty}^{\infty}\int_{-\infty}^{\infty}xyf_{XY}(x,y)dxdy -$$

$$\mu_X\int_{-\infty}^{\infty}\int_{-\infty}^{\infty}yf_{XY}(x,y)dxdy - \mu_Y\int_{-\infty}^{\infty}\int_{-\infty}^{\infty}xf_{XY}(x,y)dxdy$$

$$+\mu_X\mu_Y\int_{-\infty}^{\infty}\int_{-\infty}^{\infty}f_{XY}(x,y)dxdy = E[XY]-\mu_X\mu_Y = E[XY]-E[X] \cdot E[Y]$$

3　分散の定義と期待値の線形性より，$V[aX+bY+c] = E[\{aX+bY+c-(a\mu_X+b\mu_Y+c)\}^2] = E[a^2(X-\mu_X)^2+2ab(X-\mu_X)(Y-\mu_Y)+b^2(Y-\mu_Y)^2] = a^2E[(X-\mu_X)^2]+2abE[(X-\mu_X)(Y-\mu_Y)]+b^2E[(Y-\mu_Y)^2] = a^2V[X]+2abC[X,Y]+b^2V[Y]$

4　(i) $E[XY] = \int_{-\infty}^{\infty}\int_{-\infty}^{\infty}xyf_{XY}(x,y)dxdy = \int_{-\infty}^{\infty}\int_{-\infty}^{\infty}xf_X(x) \cdot yf_Y(y)dxdy$

$$= \int_{-\infty}^{\infty}xf_X(x)dx \cdot \int_{-\infty}^{\infty}yf_Y(y)dy = E[X] \cdot E[Y]$$

(ii) (i) より，$\sigma_{XY} = C[X,Y] = E[XY]-E[X] \cdot E[Y] = 0$ が成り立つ．

(iii) (ii) より，$V[aX+bY+c] = a^2V[X]+2abC[X,Y]+b^2V[Y] = a^2V[X]+b^2V[Y]$

| 問題 | *24* | 連続型確率分布（2 変数の場合） | 標準 |

1　2 つの独立な連続型確率変数 X, Y において，その周辺確率密度関数がそれぞれ次のように表されるとする．

$$f_X(x) = \begin{cases} 1/4 & (0 \leq x \leq 4) \\ 0 & (\text{その他}) \end{cases}$$

$$f_Y(y) = \begin{cases} 1/4 & (0 \leq x \leq 4) \\ 0 & (\text{その他}) \end{cases}$$

このとき，$Z = X + Y$ で定義される確率変数 Z に関する確率密度関数 $f_Z(z)$ を求めよ．

2　2 つの連続型確率変数 X, Y が次の確率密度関数 $f_{XY}(x, y)$ に従うとする．

$$f_{XY}(x, y) = \begin{cases} \dfrac{x+y}{4} \sin \dfrac{x-y}{2} & (0 \leq x+y \leq 2, \quad 0 \leq x-y \leq 2\pi) \\ 0 & (\text{その他}) \end{cases}$$

このとき，確率変数 $U = \dfrac{X+Y}{2}$，$V = \dfrac{X-Y}{2}$ による確率密度関数 $f_{UV}(u, v)$ を求めよ．

解 説　**1**　X, Y は独立であることから，$f_{XY}(x, y) = f_X(x) \cdot f_Y(y)$ が成り立つ．したがって，条件より確率密度関数 $f_{XY}(x, y)$ は次のように表される．

$$f_{XY}(x, y) = \begin{cases} 1/16 & (0 \leq x \leq 4,\ 0 \leq y \leq 4) \\ 0 & (\text{その他}) \end{cases}$$

いま，$Z = X + Y$ で定義される確率変数 Z を考えるので，$y = z - x$ とおいて

$$f_Z(z) = \int_{-\infty}^{\infty} f_X(x) \cdot f_Y(z-x) dx$$

を考えればよい．

2　2 変数関数の 2 重積分の計算に関する公式を確認しよう．一般に，2 変数関数 $g(x, y)$ の領域 D における 2 重積分

$$\iint_D g(x, y) dx dy$$

について，変数 x, y が新たな変数 u, v を用いて $x = x(u, v)$，$y = y(u, v)$ と表されるとき，xy 座標上での領域 D における 2 重積分は uv 座標上での領域 E における 2 重積分に変換され，次のように表せる．

$$\iint_D g(x, y) dx dy = \iint_E g(x(u, v), y(u, v)) |J| du dv$$

ここで J はヤコビアンといい，次のように表せる．

$$J = \begin{vmatrix} \dfrac{\partial x}{\partial u} & \dfrac{\partial x}{\partial v} \\[2mm] \dfrac{\partial y}{\partial u} & \dfrac{\partial y}{\partial v} \end{vmatrix} = \dfrac{\partial x}{\partial u} \cdot \dfrac{\partial y}{\partial v} - \dfrac{\partial x}{\partial v} \cdot \dfrac{\partial y}{\partial u}$$

解答

1 　条件より，$f_X(x)$ と $f_Y(z-x)$ がともに $\frac{1}{4}$ である場合以外は $f_X(x) \cdot f_Y(z-x) = 0$ なので，$0 \le x \le 4$, $0 \le z-x \le 4$ の範囲を考えると，

(i) $0 \le z \le 4$ のとき，$f_Z(z) = \displaystyle\int_{-\infty}^{\infty} f_X(x) \cdot f_Y(z-x) dx = \int_0^z \frac{1}{4} \cdot \frac{1}{4} dx = \int_0^z \frac{1}{16} dx = \frac{1}{16} \Big[x \Big]_0^z = \frac{1}{16} z$

(ii) $4 \le z \le 8$ のとき，$f_Z(z) = \displaystyle\int_{-\infty}^{\infty} f_X(x) \cdot f_Y(z-x) dx = \int_{z-4}^4 \frac{1}{4} \cdot \frac{1}{4} dx = \int_{z-4}^4 \frac{1}{16} dx = \frac{1}{16} \Big[x \Big]_{z-4}^4 = \frac{1}{16} \{ 4 - (z-4) \} = \frac{1}{16}(-z+8)$

以上より，求める確率密度関数 $f_Z(z)$ は

$$f_Z(z) = \begin{cases} \dfrac{1}{16} z & (0 \le z \le 4) \\[2mm] \dfrac{1}{16}(-z+8) & (4 \le z \le 8) \\[2mm] 0 & (その他) \end{cases}$$

2 　$f_{XY}(x,y)$ が 0 でない x, y の範囲からなる領域は $D = \{ (x,y) : 0 \le x+y \le 2,\ 0 \le x-y \le 2\pi \}$ とおけるので，これより $u = \frac{x+y}{2}$, $v = \frac{x-y}{2}$ における $f_{UV}(u,v)$ が 0 でない u, v の範囲からなる領域 E を考えると，$E = \{ (u,v) : 0 \le u \le 1,\ 0 \le v \le \pi \}$ とおける．

ヤコビアンを計算しておくと，$J = \begin{vmatrix} \dfrac{\partial x}{\partial u} & \dfrac{\partial x}{\partial v} \\[2mm] \dfrac{\partial y}{\partial u} & \dfrac{\partial y}{\partial v} \end{vmatrix} = \dfrac{\partial x}{\partial u} \cdot \dfrac{\partial y}{\partial v} - \dfrac{\partial x}{\partial v} \cdot \dfrac{\partial y}{\partial u} = 1 \times (-1) - 1 \cdot 1 = -2$ となる．

したがって，$\displaystyle\iint_E f_{UV}(u,v) du dv = \iint_D f_{XY}(x,y) dx dy$
$= \displaystyle\iint_E f_{XY}(u+v,\ u-v) |-2| du dv = \iint_E \frac{u}{2} \sin v \cdot 2 du dv = u \sin v$

以上より，求める確率密度関数 $f_{UV}(u,v)$ は

$$f_{UV}(u,v) = \begin{cases} u \sin v & (0 \le u \le 1,\ 0 \le v \le \pi) \\ 0 & (その他) \end{cases}$$

| 問題 | 25 | 連続型確率分布（正規分布の導入） | 基本 |

下記の説明文において，適切な数値・数式を空欄に入れよ．

まず，二項分布 $B(n,p)$ から正規分布 $N(\mu,\sigma^2)$ を導出する過程で必要になる近似値を先に与えておく．x が自然数値をとる関数 $f(x)=\log x!$ において，ある値 x と $x-1$ における平均変化率を考える．x が十分大きい値であるとき，x における微分係数は平均変化率で近似できるので，$f'(x)=(\log x!)' \fallingdotseq \dfrac{f(x)-f(x-\Delta)}{\Delta}=\dfrac{f(x)-f(x-1)}{1}=\log$ ア とおける．したがって，$\{\log(n-x)!\}'\fallingdotseq-\log(n-\boxed{ア})$ と表せる．ここで二項分布の確率関数 $P(x)={}_nC_x\,p^x(1-p)^{n-x}\ (x=0,1,\dots,n)$ の自然対数をとった関数 $g(x)=\log P(x)=\log n-\log x!-\log(n-x)!+x\log p+(n-x)\log(1-p)$ の振る舞いを考える．x に十分大きい整数値を代入するとき，$f(x)=\log x!$ の値は x が 1 増加してもあまり変化しないことに注意せよ．二項分布 $Bi(n,p)$ における期待値を μ とおくと $\mu=np$ が成り立つことから，$g'(\mu)=\boxed{イ}$ が導かれ，また，$g''(x)=-\dfrac{\boxed{ウ}}{x(n-x)}$ と表せることから $g''(\mu)=-\dfrac{1}{\sigma^2}$ を導くことができる．ここで $g(x)$ を $x=\mu$ のまわりにおけるテイラー展開 $g(x)=g(\mu)+g'(u)\cdot\dfrac{(x-\mu)}{1!}+g''(\mu)\cdot\dfrac{(x-\mu)^2}{2!}+g^{(3)}(\mu)\cdot\dfrac{(x-\mu)^3}{3!}+\cdots$ の第 4 項以降で現れる各 $\dfrac{(x-\mu)^j}{j!}\ (j=3,4,\dots)$ において，$x\fallingdotseq\mu$ であることから，それぞれ 0 として近似することにより $g(x)\fallingdotseq g(\mu)-\dfrac{\boxed{エ}}{2\sigma^2}(x-\mu)^2$ と表せる．

いま，$g(x)=\log P(x)$ を上式に代入すると，$\log P(x)\fallingdotseq\log\left\{P(\boxed{オ})\cdot e^{-\frac{(x-\mu)^2}{2\sigma^2}}\right\}$ と表せる．したがって，n が大きな値のとき，すなわち，x が大きな値のとき，二項分布の確率関数 $P(x)$ は正規分布の確率密度関数 $h(x)=P(\boxed{オ})\cdot e^{-\frac{(x-\mu)^2}{2\sigma^2}}$ に近づく．$h(x)$ は確率密度関数なので，$\displaystyle\int_{-\infty}^{\infty}h(x)dx=1$ であることと $\displaystyle\int_{-\infty}^{\infty}e^{-\frac{x^2}{2}}dx=\boxed{カ}$ を利用することにより，$h(x)=\dfrac{\boxed{キ}}{\sqrt{2\pi}\sigma}e^{-\frac{(x-\mu)^2}{2\sigma^2}}$ と表せる．

解説　(ア)　$\dfrac{f(x)-f(x-1)}{1}=\log x!-\log(x-1)!=\log\dfrac{x!}{(x-1)!}=\log x$ および，合成関数の微分で $\{\log(n-x)!\}'\fallingdotseq\{\log(n-x)\}\cdot(n-x)'=-\log(n-x)$ であることから求められる．

（イ）　$g'(x)$ を求めて μ を代入すればよい．（ア）を求めた式を利用して，$g'(x) =$
$-(\log x!)' - \{\log(n-x)!\}' + \log p - \log(1-p) \fallingdotseq -\log x + \log(n-x) + \log p - \log(1-p)$
$= \log \dfrac{p(n-x)}{(1-p)x}$ が成り立つことから $x = np(= \mu)$ を代入すると，

$g'(\mu) = \log \dfrac{p(n-np)}{(1-p)np} = \log 1 = 0$ が得られる．

（ウ）　$g'(x) = \log \dfrac{p(n-x)}{(1-p)x}$ より，　$g''(x) = -\dfrac{n}{x(n-x)}$ が得られる．

（エ）　二項分布における分散 σ^2 は $\sigma^2 = np(1-p)$ であることに注意して，
$g''(x) = -\dfrac{n}{x(n-x)}$ から，　$\mu = np$ を代入することにより，

$g''(\mu) = -\dfrac{n}{\mu(n-\mu)} = -\dfrac{n}{np(n-np)} = -\dfrac{1}{np(1-p)} = -\dfrac{1}{\sigma^2}$ と $g'(\mu) = 0$ をテイラー展開

の式 $g(x) = g(\mu) + 0 \cdot \dfrac{(x-\mu)}{1!} - \dfrac{1}{\sigma^2} \cdot \dfrac{(x-\mu)^2}{2!} + g^{(3)}(\mu) \cdot 0 + \cdots$ に代入すれば良い．

（オ）　$g(x) \fallingdotseq g(\mu) - \dfrac{1}{2\sigma^2}(x-\mu)^2$ であることと $g(x) = \log P(x)$ であることから，

$\log P(x) = \log P(\mu) + \log e^{-\frac{(x-\mu)^2}{2\sigma^2}} = \log P(\mu) \cdot e^{-\frac{(x-\mu)^2}{2\sigma^2}}$ が示される．

（カ）　$\displaystyle\int_{-\infty}^{\infty} e^{-\frac{x^2}{2}} dx$ の値を求めるために，次の重積分を考える．$\displaystyle\int_{-\infty}^{\infty}\int_{-\infty}^{\infty} e^{-\frac{x^2+y^2}{2}} dxdy$
　　ここで，$x = \sqrt{2}r\cos\theta$, $y = \sqrt{2}r\sin\theta$ とおくと，r,θ の積分区間はそれぞれ
$r: 0 \to \infty$, $\theta: 0 \to 2\pi$ となり，$J = 2r(\cos^2\theta + \sin^2\theta) = 2r$ となるので，

$\displaystyle\int_{-\infty}^{\infty}\int_{-\infty}^{\infty} e^{-\frac{x^2+y^2}{2}} dxdy = \int_{0}^{2\pi}\int_{0}^{\infty} e^{-r^2}|J|drd\theta = \int_{0}^{2\pi}\left(\int_{0}^{\infty} 2re^{-r^2} dr\right)d\theta = \int_{0}^{2\pi} 1d\theta = 2\pi$

となる．一方で，

$$\int_{-\infty}^{\infty}\int_{-\infty}^{\infty} e^{-\frac{x^2+y^2}{2}} dxdy = \int_{-\infty}^{\infty} e^{-\frac{x^2}{2}} dx \cdot \int_{-\infty}^{\infty} e^{-\frac{y^2}{2}} dy = \left(\int_{-\infty}^{\infty} e^{-\frac{x^2}{2}} dx\right)^2$$

と表せるので，$\displaystyle\int_{-\infty}^{\infty} e^{-\frac{x^2}{2}} dx = \sqrt{2\pi}$ が得られる．

（キ）　$P(\mu)$ は定数なので，$\displaystyle\int_{-\infty}^{\infty} h(x)dx = P(\mu) \cdot \int_{-\infty}^{\infty} e^{-\frac{(x-\mu)^2}{2\sigma^2}} dx = 1$ と表し，
$z = \dfrac{x-\mu}{\sigma}$ として $P(\mu) \cdot \displaystyle\int_{-\infty}^{\infty} e^{-\frac{z^2}{2}} dz = P(\mu) \cdot \sqrt{2\pi}\sigma = 1$ と変形せよ．

解 答

　（ア）x　（イ）0　（ウ）n　（エ）1　（オ）μ　（カ）$\sqrt{2\pi}$　（キ）1

| 問題 | 26 | 連続型確率分布（正規分布） | 基本 |

1　下記の説明文において，正規分布 $N(\mu, \sigma^2)$ の積率母関数 $M_N(\theta) = E[e^{\theta X}]$ を計算することにより正規分布の期待値と分散がそれぞれ μ, σ^2 となることが導出されることを記述するための適切な数値・数式を空欄に入れよ．

$$M_N(\theta) = E[e^{\theta X}] = \frac{1}{\sqrt{2\pi}\sigma} \int_{-\infty}^{\infty} e^{-\frac{(x-\mu)^2}{2\sigma^2} + \boxed{(\text{ア})}} dx \text{ と表せる．ここで，} \mu' = \mu +$$

$\sigma^2\theta$ とおくことにより，$M_N(\theta) = \boxed{(\text{イ})} \times \int_{-\infty}^{\infty} e^{-\frac{(x-\mu')^2}{2\sigma^2}} dx$ と表せる．さらに，

$\int_{-\infty}^{\infty} e^{-\frac{(x-\mu')^2}{2\sigma^2}} dx$ を計算することにより，$M_N(\theta) = e^{\mu\theta + \boxed{(\text{ウ})}}$ と表せる．したがっ

て，$M_N'(\theta) = \boxed{(\text{エ})}, M_N''(\theta) = \boxed{(\text{オ})}$ が求められるので，$E[X] = M_N'(0)$,

$V[X] = M_N''(0) - M_N'(0)^2$ を計算することにより，正規分布の期待値と分散がそれぞれ μ, σ^2 となることがわかる．

2　下記の説明文は，正規分布 $N(\mu, \sigma^2)$ から標準正規分布 $N(0, 1)$ を導出する過程を示したものである．各空欄に適切な数値・数式を入れて説明文を完成させよ．

正規分布 $N(\mu, \sigma^2)$ に従う確率変数 X について，新たな確率変数 Z として $Z = \boxed{(\text{カ})}$ と定義すると正規分布の確率密度関数 $h(x) = \frac{1}{\sqrt{2\pi}\sigma} e^{-\frac{(x-\mu)^2}{2\sigma^2}}$ を適宜変

数変換することにより，標準正規分布の確率密度関数 $g(z) = \boxed{(\text{キ})} \times e^{-\frac{z^2}{2}}$ を

導出できる．これにより，標準正規分布の積率母関数 $M_S(\theta)$ を求めることで

$M_S'(\theta) = \boxed{(\text{ク})}, M_S''(\theta) = \boxed{(\text{ケ})}$ が求まるので，標準正規分布の期待値と分散は

$E[Z] = M_S'(0) = 0, V[Z] = M_S''(0) - M_S'(0) = 1$ のように求めることができる．

| 解 説 | （ア）　**積率母関数**の定義と正規分布の確率密度関数を代入することにより，

$M_N(\theta) = E[e^{\theta X}] = \int_{-\infty}^{\infty} e^{\theta x} \cdot \frac{1}{\sqrt{2\pi}\sigma} e^{-\frac{(x-\mu)^2}{2\sigma^2}} dx$ のように計算し，さらにこれを整理すれば良い．

（イ）　$-\frac{(x-\mu)^2}{2\sigma^2} + \theta x = -\frac{1}{2\sigma^2}(x^2 - 2\mu x + \mu^2 - 2\sigma^2\theta x) = -\frac{1}{2\sigma^2}\{x - (\mu + \sigma^2\theta)\}^2 +$

$\frac{2\mu\sigma^2\theta + \sigma^4\theta^2}{2\sigma^2} = -\frac{(x-\mu')^2}{2\sigma^2} + \mu\theta + \frac{\sigma^2}{2}\theta^2$ と変形できるので，$M_N(\theta) = \frac{1}{\sqrt{2\pi}\sigma} \int_{-\infty}^{\infty}$

$e^{-\frac{(x-\mu')^2}{2\sigma^2} + \mu\theta + \frac{\sigma^2}{2}\theta^2} dx$ と表せることから答えを求める．

（ウ）　$\int_{-\infty}^{\infty} e^{-\frac{(x-\mu')^2}{2\sigma^2}} dx$ を $s = \frac{x - \mu'}{\sigma}$ と変数変換すると，$x : -\infty \to \infty$ のとき，

$s : -\infty \to \infty$ であることと，$\sigma ds = dx$ であることから，

$$\int_{-\infty}^{\infty} e^{-\frac{(x-\mu')^2}{2\sigma^2}}\,dx = \sigma \int_{-\infty}^{\infty} e^{-\frac{s^2}{2}}\,ds = \sqrt{2\pi}\sigma \text{ となることにより求める.}$$

(エ)　$M_N(\theta)$ を θ で微分して，$M_N'(\theta) = e^{\mu\theta + \frac{\sigma^2}{2}\theta^2} \cdot (\mu\theta + \frac{\sigma^2}{2}\theta^2)'$ を計算すれば良い.

(オ)　(エ)で求めた $M_N'(\theta)$ をさらに θ で微分して，

$M_N''(\theta) = \sigma^2 \cdot e^{\mu\theta + \frac{\sigma^2}{2}\theta^2} + (\mu + \sigma^2\theta) \cdot e^{\mu\theta + \frac{\sigma^2}{2}\theta^2}(\mu\theta + \frac{\sigma^2}{2}\theta^2)'$ を計算すれば良い.

(カ)　正規分布 $N(\mu, \sigma)$ から標準正規分布 $N(0,1)$ への変数変換を考えるので，$E[Z] = 0,\ V[Z] = 1$ が成り立つように定数である μ, σ を用いて Z を X で表すように設定すれば良い.

(キ)　(カ)で求めた値から x から z への変数変換を考えると，$x : -\infty \to \infty$ のとき，$z : -\infty \to \infty$ であることと $\frac{dx}{dz} = \sigma$ であることがわかる. したがって，正規分布と対応する標準正規分布の確率密度関数をそれぞれ $h_N(x), h_S(z)$ とおくと

$$\int_{-\infty}^{\infty} h_S(z)dz = \int_{-\infty}^{\infty} h_N(x)dx = \int_{-\infty}^{\infty} h_N(\sigma z + \mu) \cdot \frac{dx}{dz}dz = 1 \text{ が成り立つことがわかり,}$$

これをもとに $h_S(z) = h_N(\sigma z + \mu) \cdot \sigma$ と表されるので，さらに計算することで求められる.

(ク)　標準正規分布の積率母関数 $M_S(\theta)$ を計算すると，

$$M_S(\theta) = E[e^{\theta Z}] = \int_{-\infty}^{\infty} e^{\theta z} \cdot h_S(z)dz = \frac{1}{\sqrt{2\pi}} \int_{-\infty}^{\infty} e^{-\frac{1}{2}(z^2 - 2\theta z + \theta^2) + \frac{\theta^2}{2}}dz$$

$$= \frac{1}{\sqrt{2\pi}} e^{\frac{\theta^2}{2}} \int_{-\infty}^{\infty} e^{-\frac{(z-\theta)^2}{2}}dz = e^{\frac{\theta^2}{2}}$$

となるので，これを θ で微分すれば良い.

(ケ)　(ク)で求めた $M_S'(\theta)$ の関数をさらに θ で微分すれば良い.

解答

$\boxed{1}$　(ア) θx　　(イ) $\frac{1}{\sqrt{2\pi}} \cdot e^{\mu\theta + \frac{\sigma^2}{2}\theta^2}$　　(ウ) $\frac{\sigma^2}{2}\theta^2$　　(エ) $(\mu + \sigma^2\theta)e^{\mu\theta + \frac{\sigma^2}{2}\theta^2}$

(オ) $\{\sigma^2 + (\mu + \sigma^2\theta)^2\}e^{\mu\theta + \frac{\sigma^2}{2}\theta^2}$

[注]　実際に $E[X] = M_N'(0),\ V[X] = M_N''(0) - M_N'(0)^2$ を計算してみると，

$$E[X] = M_N'(0) = (\mu + \sigma^2 \cdot 0)e^{\mu \cdot 0 + \frac{\sigma^2}{2}0^2} = \mu \cdot e^0 = \mu,$$

$$V[X] = M_N''(0) - M_N'(0)^2 = (\sigma^2 + \mu^2) \cdot e^0 - \mu^2 = \sigma^2$$

となって正規分布の期待値と分散が確かめられる.

$\boxed{2}$　(カ) $\frac{X - \mu}{\sigma}$　　(キ) $\frac{1}{\sqrt{2\pi}}$　　(ク) $\theta \cdot e^{\frac{\theta^2}{2}}$　　(ケ) $(\theta^2 + 1)e^{\frac{\theta^2}{2}}$

| 問題 | 27 | 連続型確率分布（標準正規分布） | 基本 |

確率変数 X が標準正規分布に従うとき，$Z=50+10X$ で定義される確率変数について次の値を求めよ．

(1) $P(55<Z<60)$

(2) $P(75<Z)$

(3) $P(x<Z)=0.0228$ を満たす整数 x

解説　前問の復習になるが，確率変数 X が次のような確率密度関数に基づく連続型確率変数であるとき，この確率変数の確率分布を**標準正規分布**という．

$$f(x)=\frac{1}{\sqrt{2\pi}}e^{-\frac{x^2}{2}}$$

標準正規分布は正規分布 $N(\mu,\sigma^2)$ における $\mu=0$，$\sigma^2=1$ の特別な場合であり，下記コラムに紹介する中心極限定理からわかるように確率・統計において頻出する確率分布であるといえる．

本問の確率変数 Z はいわゆる偏差値と呼ばれる値であり，$E[Z]=50$，$V[Z]=100$ のもとで X を標準化している $(X=\dfrac{Z-50}{10})$．したがって，(1) の値が意味することは偏差値 55 から 60 までの値をとるものは全体の何パーセントであるか，(2) は偏差値 75 以上は全体の何パーセントであるかを求めることと同値であり，(3) は全体の上位 2.28 パーセントに位置するためには偏差値がいくつ以上でなければならないか，についての解を求めることに等しい．解答では，標準正規分布に従う確率変数 X の式に変形して標準正規分布の表を参照しながら求める．

より具体的には，(1) では $P(55<Z<60)=P\left(\dfrac{55-50}{10}<\dfrac{Z-50}{10}<\dfrac{60-50}{10}\right)=$ $P(0.5<X<1)$ のように式変形して考える．$P(0.5<X<1)$ に対する標準正規分布の表の使い方は，$P(0.5<X<1)=P(X<1)-P(X\leq0.5)$ のように変形して適用すること．(2) も同様にして，$P(75<Z)=P\left(\dfrac{75-50}{10}<\dfrac{Z-50}{10}\right)=P(2.5<X)$ のように変形して考える．この場合の標準正規分布の表の使い方は，$P(2.5<X)=1-P(X\leq2.5)$ のように変形して適用する．(3) は $P(x<Z)=P\left(\dfrac{x-50}{10}<\dfrac{Z-50}{10}\right)=P\left(\dfrac{x-50}{10}<X\right)=$ $1-P\left(X\leq\dfrac{x-50}{10}\right)=0.0228$ のように考える．

尚，連続型確率分布を考える場合，確率変数がある特定の値をとる確率は 0 とみなせるので，例えば $P\left(X\leq\dfrac{x-50}{10}\right)$ の値は

$$P\left(X \le \frac{x-50}{10}\right) = P\left(X = \frac{x-50}{10}\right) + P\left(X < \frac{x-50}{10}\right) = 0 + P\left(X < \frac{x-50}{10}\right)$$

と考えられるので，$P\left(X < \dfrac{x-50}{10}\right)$ の値と同じであり，どちらの式で表しても良いことに注意せよ．

解答

(1)　$P(55 < Z < 60) = P\left(\dfrac{55-50}{10} < \dfrac{Z-50}{10} < \dfrac{60-50}{10}\right) = P(0.5 < X < 1)$

$\qquad\qquad = P(X \le 1) - P(X \le 0.5) = 0.8413 - 0.6915 = 0.1498$

(2)　$P(75 < Z) = P\left(\dfrac{75-50}{10} < \dfrac{Z-50}{10}\right) = P(2.5 < X) = 1 - P(X \le 2.5) = 1 - 0.9938$

$\qquad = 0.0062$

(3)　$P(x < Z) = P\left(\dfrac{x-50}{10} < \dfrac{Z-50}{10}\right) = P\left(\dfrac{x-50}{10} < X\right) = 1 - P\left(X \le \dfrac{x-50}{10}\right) = 0.0228$

$\qquad$より，$P\left(X \le \dfrac{x-50}{10}\right) = 0.9772$ を満たすので，$\dfrac{x-50}{10} = 2.00$ を解いて $x = 70$

☐ 中心極限定理

確率変数 $X_1, X_2, \ldots, X_n$ がそれぞれ独立な確率分布に従い，各 X_i について $E[X_i] = \mu$，$V[X_i] = \sigma^2$ が成り立つとき，$X_1 + X_2 + \cdots + X_n$ を標準化した確率変数

$$X_n^* = \frac{X_1 + X_2 + \cdots + X_n - n\mu}{\sqrt{n}\,\sigma}$$

は n が十分大きいとき標準正規分布に近似的に従う．

この定理の証明は紙数の関係で他書に譲ることにして，中心極限定理が主張している事実だけ確認しておく．この定理は，確率変数 $X_1, X_2, \ldots, X_n$ がそれぞれ正規分布と全く関係ないような確率分布に従っていたとしても，それらの和を標準化すると n が大きければ標準正規分布に大体従っているとみなして良いということを主張している．

| 問題 | 28 | 連続型確率分布（カイ2乗分布） | 標準 |

$\boxed{1}$　次の各問いに答えよ.

(1)　ガンマ関数

$$\Gamma(p) = \int_0^\infty x^{p-1} e^{-x} dx \qquad (p > 0)$$

に対して，次の3つの等式が成り立つことを示せ.

(i)　$\Gamma(p+1) = p\Gamma(p)$

(ii)　$\Gamma(1) = 1$

(iii)　$\Gamma\left(\dfrac{1}{2}\right) = \sqrt{\pi}$

(2)　自然数 n に対して，$\Gamma(\frac{n}{2})$ の値を求めよ.

$\boxed{2}$　自由度 n のカイ2乗分布の確率密度関数 $f_n(x)$ は以下の式で表される.

$$f_n(x) = \begin{cases} \dfrac{1}{2^{\frac{n}{2}} \Gamma(\frac{n}{2})} x^{\frac{n}{2}-1} e^{-\frac{x}{2}} & (x > 0) \\ 0 & (x \le 0) \end{cases}$$

このとき，次の各問いに答えよ.

(1)　自由度 n のカイ2乗分布の積率母関数 $M(\theta) = E[e^{\theta X}]$ を求めよ.

(2)　期待値 $E[X]$ を求めよ.

(3)　分散 $V[X]$ を求めよ.

解 説　$\boxed{1}$　(1) 積分の定義に従って計算すれば良い. その際，$\displaystyle\int_0^\infty e^{-x^2} dx = \dfrac{\sqrt{\pi}}{2}$ であることを利用する.

(2) 等式 (i)〜(iii) を利用して計算により求める.

$\boxed{2}$　互いに独立な n 個の確率変数 $Y_1, \ldots, Y_n$ がそれぞれ標準正規分布に従うとき，確率変数 $X = Y_1^2 + \cdots + Y_n^2$ は自由度 n のカイ2乗分布に従う. この問題ではカイ2乗分布の確率密度関数が明示されているので，積率母関数は定義に従って計算することで求められる. また，積率母関数を利用することによりカイ2乗分布の期待値と分散が求められる.

解 答

$\boxed{1}$　(1)　(i)　$\displaystyle\Gamma(p+1) = \int_0^\infty x^p e^{-x} dx = \int_0^\infty x^p (-e^{-x})' dx$

$\displaystyle\qquad\qquad = \lim_{t \to \infty} \left[-x^p e^{-x}\right]_0^t - \int_0^\infty p x^{p-1} \cdot (-e^{-x}) dx = p\Gamma(p)$

(ii) $\Gamma(1) = \displaystyle\int_0^\infty x^0 e^{-x} dx = \lim_{t \to \infty} \left[-e^{-x} \right]_0^t = \lim_{t \to \infty} (1 - e^{-t}) = 1$

(iii) $\Gamma\left(\dfrac{1}{2}\right) = \displaystyle\int_0^\infty x^{-\frac{1}{2}} \cdot e^{-x} dx$ において，$x = s^2 \ (s \geq 0)$ として変数変換すると，

$x : 0 \to \infty$ のとき，$s : 0 \to \infty$, $dx = 2s\,ds$ なので，

$$\Gamma\left(\frac{1}{2}\right) = \int_0^\infty (s^2)^{-\frac{1}{2}} \cdot e^{-s^2} \cdot 2s\,ds = 2\int_0^\infty e^{-s^2} ds = 2 \cdot \frac{\sqrt{\pi}}{2} = \sqrt{\pi}$$

(2) n が偶数のとき，$\frac{n}{2}$ は整数なので, (i) を繰り返し適用すると，$\Gamma(\frac{n}{2}) = (\frac{n}{2}-1)\Gamma(\frac{n}{2}-1) = (\frac{n}{2}-1)(\frac{n}{2}-2)\Gamma(\frac{n}{2}-2) = \cdots = (\frac{n}{2}-1)(\frac{n}{2}-2)\cdots\Gamma(1)$ のように計算できて, (ii) より $\Gamma(1) = 1$ であることから $\Gamma(\frac{n}{2}) = (\frac{n}{2}-1)!$ と表せる．n が 3 以上の奇数のときも同様に (i) を繰り返し適用して，$\Gamma(\frac{n}{2}) = (\frac{n}{2}-1)\Gamma(\frac{n}{2}-1) = (\frac{n}{2}-1)(\frac{n}{2}-2)\Gamma(\frac{n}{2}-2) = \cdots = (\frac{n}{2}-1)(\frac{n}{2}-2)\cdots\frac{3}{2}\cdot\frac{1}{2}\Gamma(\frac{1}{2})$ のように計算できて, (iii) より $\Gamma(\frac{1}{2}) = \sqrt{\pi}$ であることから $\Gamma(\frac{n}{2}) = (\frac{n}{2}-1)(\frac{n}{2}-2)\cdots\frac{3}{2}\cdot\frac{1}{2}\sqrt{\pi}$ と表せる．以上をまとめると

$$\Gamma\left(\frac{n}{2}\right) = \begin{cases} \left(\dfrac{n}{2}-1\right)! & (n : 偶数) \\[2mm] \left(\dfrac{n}{2}-1\right)\left(\dfrac{n}{2}-2\right)\cdots\dfrac{3}{2}\cdot\dfrac{1}{2}\sqrt{\pi} & (n : 3\ 以上の奇数) \end{cases}$$

2 (1) $M(\theta) = E[e^{\theta X}] = \displaystyle\int_0^\infty e^{\theta x} f_n(x) dx = \frac{1}{2^{\frac{n}{2}}\Gamma(\frac{n}{2})} \int_0^\infty e^{\theta x} \cdot x^{\frac{n}{2}-1} e^{-\frac{x}{2}} dx$

$\qquad = \dfrac{1}{2^{\frac{n}{2}}\Gamma\left(\frac{n}{2}\right)} \displaystyle\int_0^\infty x^{\frac{n}{2}-1} e^{-(\frac{1}{2}-\theta)x} dx$

$\left(\dfrac{1}{2}-\theta\right)x = s$ とおくと，$x : 0 \to \infty$ のとき，$s : 0 \to \infty$ で，$\left(\dfrac{1}{2}-\theta\right)dx = ds$ と変数変換することにより

$$M(\theta) = \frac{1}{2^{\frac{n}{2}}\Gamma(\frac{n}{2})} \int_0^\infty \left(\frac{s}{\frac{1}{2}-\theta}\right)^{\frac{n}{2}-1} \cdot e^{-s} \cdot \frac{1}{\frac{1}{2}-\theta} ds = \frac{1}{2^{\frac{n}{2}}\Gamma(\frac{n}{2})} \cdot \frac{1}{\left(\frac{1}{2}-\theta\right)^{\frac{n}{2}}} \cdot \Gamma\left(\frac{n}{2}\right)$$

$$= \left\{2 \cdot \left(\frac{1}{2}-\theta\right)\right\}^{-\frac{n}{2}} = (1-2\theta)^{-\frac{n}{2}}$$

(2) (1) より $M(\theta) = (1-2\theta)^{-\frac{n}{2}}$ なので，これを θ で微分すると，

$$M'(\theta) = -\frac{n}{2}(1-2\theta)^{-\frac{n}{2}-1} \cdot (-2) = n \cdot (1-2\theta)^{-\frac{n}{2}-1}$$

したがって，$E[X] = M'(0) = n \cdot (1-0)^{-\frac{n}{2}-1} = n$

(3) (2) より $M'(\theta)$ をさらに θ で微分すると，

$$M''(\theta) = n \cdot \left(-\frac{n}{2}-1\right) \cdot (1-2\theta)^{-\frac{n}{2}-2} \cdot (-2) = n \cdot (n+2) \cdot (1-2\theta)^{-\frac{n}{2}-2}$$

したがって，$V[X] = M''(0) - M'(0)^2 = n(n+2) \cdot (1-0)^{-\frac{n}{2}-2} - n^2 = 2n$

問題 29　ベータ関数　　　　　　　　　　　　　　　　　　標準

$\boxed{1}$　ベータ関数 $B(p,q)$ は次の式で定義される．

$$B(p,q) = \int_0^1 x^{p-1}(1-x)^{q-1}dx \qquad (p>0, \ q>0)$$

下記は，$B(p,q) = \dfrac{\Gamma(p)\Gamma(q)}{\Gamma(p+q)}$ が成り立つことを説明する文章である．空欄に適切な式・数値を入れてこの説明を完成させよ．

　$\Gamma(p)\Gamma(q) = \displaystyle\int_0^\infty x^{p-1}e^{-x}dx \cdot \int_0^\infty y^{q-1}e^{-y}dy$ について $x=u^2$, $y=v^2$

$(u \geq 0, v \geq 0)$ とおいて変数変換すると $\Gamma(p)\Gamma(q) = 4\displaystyle\int_0^\infty\int_0^\infty \boxed{\ \text{ア}\ } \times e^{-(u^2+v^2)}dudv$

と表せる．ここでさらに $u = r\cos\theta$, $v = r\sin\theta$ とおいて変数変換すると

$\Gamma(p)\Gamma(q) = 4\displaystyle\int_0^\infty \boxed{\ \text{イ}\ } \times e^{-r^2}dr\int_0^{\frac{\pi}{2}}\cos^{2p-1}\theta \times \boxed{\ \text{ウ}\ }d\theta$

　ここでさらに上の二つの積分の式において，それぞれ $r^2=t$, $\cos^2\theta=x$ とおいて変数変換すると，$4 \cdot \dfrac{1}{2}\displaystyle\int_0^\infty t^{(p+q)-1}e^{-t}dt \cdot \dfrac{1}{2}\int_0^1 x^{p-1}(1-x)^{q-1}dx = \Gamma(p+q) \cdot$

$B(p,q)$ のように表せて $B(p,q) = \dfrac{\Gamma(p)\Gamma(q)}{\Gamma(p+q)}$ が成り立つ．

$\boxed{2}$　自由度 n の t 分布の確率密度関数 $t_n(x)$ は次の式で与えられる．

$$t_n(x) = \frac{1}{\sqrt{n}B\left(\frac{n}{2}, \frac{1}{2}\right)}\left(\frac{x^2}{n}+1\right)^{-\frac{n+1}{2}}$$

このとき $t_1(x)$ をベータ関数を用いずに表せ．

解説　$\boxed{1}$　（ア）$x=u^2$, $y=v^2$ $(u \geq 0, v \geq 0)$ とおくと，$dx=2udu$, $dy=2vdv$ で，$x:0 \to \infty$ のとき，$u:0 \to \infty$，$y:0 \to \infty$ のとき，$v:0 \to \infty$ となることにより，

$$\Gamma(p)\Gamma(q) = \int_0^\infty u^{2p-2}e^{-u^2}2udu \cdot \int_0^\infty v^{2q-2}e^{-v^2}2vdv$$

と表せるので，これを計算すればよい．

（イ）（ウ）$u=r\cos\theta$，$v=r\sin\theta$ とおいて変数変換すると，積分区間は $r:0 \to \infty$，$\theta:0 \to \dfrac{\pi}{2}$ となり，ヤコビアン J は $|J|=r$ となることから与式を

$$4\int_0^{\frac{\pi}{2}}\int_0^\infty r^{2p-1}\cos^{2p-1}\theta\, r^{2q-1}\theta e^{-r^2}rdrd\theta$$

$$= 4\int_0^\infty r^{2(p+q)-1}e^{-r^2}dr\int_0^{\frac{\pi}{2}}\cos^{2p-1}\theta\sin^{2q-1}\theta d\theta$$

と表せるので，これをさらに整理する．$\displaystyle\int_0^\infty r^{2(p+q)-1}e^{-r^2}dr$ について，$r^2=t$ とおいて変数変換すると，積分区間は $r:0\to\infty$ のとき，$t:0\to\infty$ で $2rdr=dt$ を代入して $\displaystyle\int_0^\infty t^{p+q}\cdot r^{-1}\cdot e^{-t}\cdot\frac{1}{2r}dt$ と表されるのでこれを整理すればよい．

$\displaystyle\int_0^{\frac{\pi}{2}}\cos^{2p-1}\theta\sin^{2q-1}\theta d\theta$ について，$\cos^2\theta=x$ とおいて変数変換すると，積分区間は $\theta:0\to\dfrac{\pi}{2}$ のとき，$x:1\to0$ で $-2\cos\theta\sin\theta d\theta=dx$ を代入して $\displaystyle\int_1^0\frac{x^p}{\cos\theta}\cdot\frac{(1-x)^q}{\sin\theta}\cdot\left(-\frac{1}{2}\right)\frac{1}{\cos\theta\sin\theta}dx$ と表されるのでこれを整理すればよい．

2 独立な確率変数 Y,Z について，Y は標準正規分布 $N(0,1)$ に従い，Z は自由度 n の χ^2 分布に従うとする．このとき，確率変数 X として $X=\dfrac{Y}{\sqrt{\dfrac{Z}{n}}}$ とおくとき，X は自由度 n の t 分布に従う．

解答

1 　(ア) $u^{2p-1}v^{2q-1}$ 　(イ) $r^{2(p+q)-1}$ 　(ウ) $\sin^{2q-1}\theta$

2 　1 より，$B\left(\dfrac{1}{2},\dfrac{1}{2}\right)=\dfrac{\Gamma(\frac{1}{2})\cdot\Gamma(\frac{1}{2})}{\Gamma(1)}=\dfrac{\sqrt{\pi}\cdot\sqrt{\pi}}{1}=\pi$ であることを利用して，

$$t_1(x)=\frac{1}{B\left(\frac{1}{2},\frac{1}{2}\right)}(x^2+1)^{-1}=\frac{1}{\pi}\cdot(x^2+1)^{-1}=\frac{1}{\pi(x^2+1)}$$

$\boxed{1}$　2 つの独立な確率変数 Y, Z について，Y は標準正規分布 $N(0,1)$ に従い，Z は自由度 n のカイ 2 乗分布に従うとする．確率変数 X を $X = \dfrac{Y}{\sqrt{\dfrac{Z}{n}}}$ とおくとき，X^2 はどのような確率分布に従うかについて答えよ．

$\boxed{2}$　自由度 (m, n) の F 分布の確率密度関数 $f_{m,n}(x)$ は次の式で与えられる．

$$f_{m,n}(x) = \frac{m^{\frac{m}{2}} \cdot n^{\frac{n}{2}}}{B\left(\frac{m}{2}, \frac{n}{2}\right)} \cdot \frac{x^{\frac{m}{2}-1}}{(mx+n)^{\frac{m+n}{2}}} \qquad (x > 0)$$

下記は全確率 $\displaystyle\int_0^\infty f_{m,n}(x)dx = 1$ が成り立つことを説明した文章である．空欄に適切な数式を入れよ．

$$\int_0^\infty f_{m,n}(x)dx = \frac{1}{B\left(\frac{m}{2}, \frac{n}{2}\right)} \times \boxed{\text{ア}} \times \int_0^\infty x^{\frac{m}{2}-1} \cdot \left\{ \left(\frac{m}{n}x+1\right)^{-1} \right\}^{\frac{m+n}{2}} dx$$

ここで $\left(\frac{m}{n}x+1\right)^{-1} = y$ とおくと $x = \frac{n}{m}(y^{-1}-1)$ のように変形して $dx = -\frac{n}{m}y^{-2}dy,\ x : 0 \to \infty$ のとき $y : 1 \to 0$ となるので，

$$\int_0^\infty f_{m,n}(x)dx = \frac{1}{B\left(\frac{m}{2}, \frac{n}{2}\right)} \int_0^1 \boxed{\text{イ}} \times (1-y)^{\frac{m}{2}-1} dy = 1$$

が成り立つ．

$\boxed{3}$　確率変数 $Y_1, \dots, Y_{30}$ が互いに独立に標準正規分布 $N(0,1)$ に従い，確率変数 Z を

$$Z = \frac{\displaystyle\sum_{i=21}^{30} \frac{Z_i^2}{10}}{\displaystyle\sum_{i=1}^{20} \frac{Z_i^2}{20}}$$

とおくとき，$P(Z \geq z) = 0.05$ をみたす実数 z の値を求めよ．

解説　$\boxed{1}$　2 つの独立な確率変数 Y, Z について，Y は自由度 n のカイ 2 乗分布に従い，Z は自由度 m のカイ 2 乗分布に従うとする．このとき確率変数 X を $X = \dfrac{\frac{Y}{m}}{\frac{Z}{n}}$ とおくとき，X は自由度 (m, n) の F 分布に従う．

$\boxed{2}$ （ア）$\displaystyle\int_0^\infty f_{m,n}(x)dx = \int_0^\infty \frac{m^{\frac{m}{2}}\cdot n^{\frac{n}{2}}}{B\left(\frac{m}{2},\frac{n}{2}\right)}\cdot x^{\frac{m}{2}-1}\cdot n^{-\frac{m+n}{2}}\cdot\left(\frac{m}{n}x+1\right)^{-\frac{m+n}{2}}dx$ のように

式変形して m,n に関する部分は定数であることに注意してさらに整理すればよい.

（イ）$\displaystyle\int_0^\infty f_{m,n}(x)dx = \frac{1}{B\left(\frac{m}{2},\frac{n}{2}\right)}\cdot\left(\frac{m}{n}\right)^{\frac{m}{2}}\cdot\int_1^0\left\{\frac{n}{m}\left(\frac{1-y}{y}\right)\right\}^{\frac{m}{2}-1}\cdot y^{\frac{m+n}{2}}\cdot\left(-\frac{n}{m}y^{-2}\right)dy$

$\displaystyle\qquad\qquad\qquad = \frac{1}{B\left(\frac{m}{2},\frac{n}{2}\right)}\left(\frac{m}{n}\right)^{\frac{m}{2}}\cdot\left(\frac{n}{m}\right)^{\frac{m}{2}}\int_0^1 y^{-\frac{m}{2}+1}\cdot y^{\frac{m+n}{2}-2}\cdot(1-y)^{\frac{m}{2}-1}dy$

のように式変形してさらに整理すればよい.

$$\int_0^1 y^{\frac{n}{2}-1}\cdot(1-y)^{\frac{m}{2}-1}dy = B\left(\frac{m}{2},\frac{n}{2}\right)$$

と表せることから $\displaystyle\int_0^\infty f_{m,n}(x)dx = 1$ が成り立つ.

$\boxed{3}$ $\displaystyle\sum_{i=21}^{30} Z_i^2$ と $\displaystyle\sum_{i=1}^{20} Z_i^2$ はそれぞれ自由度 $10, 20$ の χ^2 分布に従うことに注意すると，F
分布の定義より，Z は自由度 $(10, 20)$ の F 分布に従う．よって，F 分布表を参照して z
の値を求めればよい.

解答

$\boxed{1}$ $X^2 = \dfrac{Y^2}{\frac{Z}{n}} = \dfrac{\frac{Y^2}{1}}{\frac{Z}{n}}$ と変形すると，Y は標準正規分布 $N(0,1)$ に従うので，Y^2 は自由
度 1 の χ^2 分布に従うことがわかる．Z は自由度 n の χ^2 分布に従うことから，X^2 は自
由度 $(1, n)$ の F 分布に従う.

$\boxed{2}$ （ア）$\left(\dfrac{m}{n}\right)^{\frac{m}{2}}$ 　　　（イ）$y^{\frac{n}{2}-1}$

$\boxed{3}$ 2.348

| 問題 | 31 | 連続型確率分布（チェビシェフの不等式） | 基本 |

$\boxed{1}$　下記の記述における空欄に適切な式・数値を入れよ．

　　X を連続型の確率変数とし，確率密度関数を $f(x)$ とし，さらに $\mu = E[X]$,
$\sigma = \sqrt{V[X]}$ とおく．このとき，任意の正の定数 k に対して，確率 $P(|X-\mu| \geq k\sigma)$
の上界について考える．実数 x に関する区間 J として $J = \{x|\ |x-\mu| \geq k\sigma\}$ と
定めると $P(|X-\mu| \geq k\sigma) = \displaystyle\int_J f(x)dx$ と表せる．

　　一方で，全ての x について $f(x) \geq 0$ であることから

$$\sigma^2 = \int_{-\infty}^{\infty} (x - \boxed{(ア)})^2 f(x)dx \geq \int_J (x - \boxed{(ア)})^2 f(x)dx \geq \int_J \boxed{(イ)} \times f(x)dx$$

が成り立つので，この不等式を整理すると $\displaystyle\int_J f(x)dx \leq \boxed{(ウ)}$ が得られ，これに
より $P(|X-\mu| \geq k\sigma) \leq \boxed{(ウ)}$ が示される．

$\boxed{2}$　確率変数 X が確率密度関数 $f(x) = \dfrac{1}{2e^{|x|}}$ による確率分布に従うとき

$$P(-4 \leq X \leq 4) \geq \frac{7}{8}$$

が成り立つことを示せ．

解説　$\boxed{1}$　求める確率の不等式は**チェビシェフの不等式**と呼ばれていて，応用度の
高い公式である．(ア) については連続型確率分布の分散の定義から求められる．(イ) に
ついては J の定義にある x が満たす条件式 $|X-\mu| \geq k\sigma$ の両辺を 2 乗して考えればよい．
(ウ) については，(イ) の値が x に依存しない定数であることから，$\displaystyle\int_J \boxed{(イ)} f(x)dx =$
$\boxed{(イ)} \displaystyle\int_J f(x)dx$ のように式変形して，不等式の両辺を (イ) の値で割ることで得られる．

$\boxed{2}$　$P(-4 \leq X \leq 4) = 1 - P(|X| \geq 4)$ と表せるので，$P(|X| \geq 4) \leq \dfrac{1}{8}$ を示せば良い．
$\boxed{1}$ で示したチェビシェフの不等式の利用を考える．そのために，まず X の期待値 μ と
標準偏差 σ を求めることを考える．尚，標準偏差を求める過程で問題 28 で学習したガ
ンマ関数 $\Gamma(3) = \displaystyle\int_0^{\infty} x^2 e^{-x}dx = 2\Gamma(1) = 2!$ の計算が出てくるので注意すること．

解 答

1　(ア) μ　　　(イ) $k^2\sigma^2$　　　(ウ) $\dfrac{1}{k^2}$

2　まずこの確率分布の期待値 μ について求めると，

$$\mu = \int_{-\infty}^{\infty} xf(x)dx = \int_{-\infty}^{\infty} \frac{x}{2e^{|x|}} dx = 0$$

が得られる．次に標準偏差 σ を求めるために，$E[X^2]$ の値を求めると，

$$E[X^2] = \int_{-\infty}^{\infty} x^2 f(x)dx = \int_{-\infty}^{\infty} \frac{x^2}{2e^{|x|}} dx = \int_0^{\infty} x^2 e^{-x}dx = 2 \quad \text{であることから，}$$

$$\sigma^2 = E[X^2] - \mu^2 = 2$$

となり，$\sigma = \sqrt{2}$ であることがわかる．1で示された不等式において $\mu = 0$，$\sigma = \sqrt{2}$，$k = 2\sqrt{2}$ を代入すると $P(|X| \geq 4) \leq \dfrac{1}{8}$ が成り立つ．

したがって，$P(-4 \leq X \leq 4) = 1 - P(|X| \geq 4) \geq \dfrac{7}{8}$ が示された．

□ 離散型確率分布におけるチェビシェフの不等式

　本問では連続型確率分布に従う確率変数に対するチェビシェフの不等式を扱ったが，この不等式自体は離散型確率分布に従う確率変数に対しても成り立つ．これを確認するために，$x_1, x_2, \ldots, x_n$ を実現値としてとる離散型確率変数 X が確率関数 $P_i(i = 1, \ldots, n)$ の確率分布に従うとして1における記述にある議論を適用すると

$$\sigma^2 = \sum_{i=1}^{n} (x_i - \mu)^2 P_i \geq \sum_{\substack{|x_i - \mu| \geq k\sigma \\ \text{を満たす} i}} (x_i - \mu)^2 P_i \geq \sum_{\substack{|x_i - \mu| \geq k\sigma \\ \text{を満たす} i}} (k\sigma)^2 P_i = k^2 \sigma^2 \times \sum_{\substack{|x_i - \mu| \geq k\sigma \\ \text{を満たす} i}} P_i$$

　したがって，上の不等式を整理すると

$$\sum_{\substack{|x_i - \mu| \geq k\sigma \\ \text{を満たす} i}} P_i \leq \frac{1}{k^2}$$

が成り立ち，この式はチェビシェフの不等式

$$P(|X - \mu| \geq k\sigma) \leq \frac{1}{k^2}$$

が離散型確率変数においても成り立つことを示している．

| 問題 | 32 | 正規分布 $N(\mu,1)$ の 2 乗の分布 | やや難 |

　湖に野生している蓮の花がそよ風に揺れ，時折不規則的に水面に触れる．水面から 25 センチ突き出ている蓮の花をじっと見ていたら，53 センチ前後離れた水面に触れることに段々と確信した．しかし，離れる距離は目測であり，誤差が伴うことも承知する．この誤差は，平均が 0 センチ，標準偏差が 5 センチの正規分布に従うとしよう．

(1) 水の深さの期待値は何センチか．

(2) 水の深さが 40 センチ以上となる確率はいくらか．

解　説　この問題は，確率変数の関数の分布や積率母関数の求め方を理解することが前提である．

　$X \sim N(\mu,1)$ とする．$\mu=0$ のとき，すなわち，X が標準正規分布 $N(0,1)$ に従うとき，X^2 は自由度 1 のカイ 2 乗分布に従う．ここで，$-\infty<\mu<\infty$ として，$Y=X^2$ の密度関数 $f(y)$ と積率母関数 $M(t)$ を求めてみよう．

　$\Phi(\cdot)$ を $N(0,1)$ の分布関数とする．$X-\mu \sim N(0,1)$ に注意すると，任意の $y>0$ に対して，Y の分布関数は

$$
\begin{aligned}
F(y) &= P[Y \le y] = P[X^2 \le y] \\
&= P[-\sqrt{y} \le X \le \sqrt{y}] \\
&= P[-\sqrt{y}-\mu \le X-\mu \le \sqrt{y}-\mu] \\
&= 1-\Phi(-\sqrt{y}-\mu)+\Phi(\sqrt{y}+\mu)
\end{aligned}
$$

となり，$Y=X^2$ の密度関数 $f(y)=F'(y)$ は次のように書ける．

$$
f(y) = \frac{1}{\sqrt{2\pi y}} e^{-\frac{1}{2}(y+\mu^2)} \cosh(\mu\sqrt{y}) \qquad (y>0) \tag{1}
$$

ただし，$\cosh x=(e^x+e^{-x})/2$ は双曲線余弦関数である．一方，積率母関数は次のように計算できる．

$$
\begin{aligned}
M(t) &= E[e^{tY}] = E[e^{tX^2}] \\
&= \int_{-\infty}^{\infty} e^{tx^2} \frac{1}{\sqrt{2\pi}} e^{-\frac{1}{2}(x-\mu)^2} dx \\
&= \frac{1}{\sqrt{1-2t}} e^{\frac{t\mu^2}{1-2t}} \qquad (t<1/2)
\end{aligned}
$$

$M(t)$ を t について微分することにより，Y の 1 次と 2 次の積率を求めることができる．

$$
\begin{aligned}
E[Y] &= M'(0) = \mu^2+1 \\
E[Y^2] &= M''(0) = \mu^4+6\mu^2+3
\end{aligned} \tag{2}
$$

解答

(1) 蓮の花の長さは，水面に出ている部分 $a = 25(\text{cm})$ と，水の深さ $Y(\text{cm})$ の和からなる．条件により，蓮の花が水面に触れるときの距離を $W(\text{cm})$ とすると，

$$W = b + 誤差 = b + N(0, \sigma^2) = N(b, \sigma^2)$$

となる．ただし，$b = 53(\text{cm})$, $\sigma = 5(\text{cm})$ である．三平方の定理 $(Y + a)^2 = Y^2 + W^2$ により，$Y = W^2/(2a)$ となる．$X = W/\sigma$, $\mu = b/\sigma$ とすると，

$$X \sim N(\mu, 1), \qquad Y = \frac{\sigma^2}{2a} X^2 \tag{3}$$

となる．式 (2) により，水の深さ Y の期待値は

$$E[Y] = \frac{\sigma^2}{2a} E[X^2] = \frac{\sigma^2}{2a}\left(\frac{b^2}{\sigma^2} + 1\right) = \frac{b^2 + \sigma^2}{2a}$$

となる．具体的数値を代入すると，$E[Y] = 56.68(\text{cm})$ となる．測定誤差がなければ，$\sigma = 0$ となり，$E[Y] = b^2/(2a)$ となる．これが「ハスの問題」[1] として知られている．

(2) 次に，$Y \geq c = 40(\text{cm})$ の確率を求める．$\lambda = 2ac/\sigma^2$ とすると，式 (3)，式 (1) より，

$$
\begin{aligned}
P[Y \geq c] &= P[X^2 \geq \lambda] \\
&= \int_{\lambda}^{\infty} \frac{1}{\sqrt{2\pi y}} e^{-\frac{1}{2}(y + \mu^2)} \cosh(\mu\sqrt{y})\, dy \\
&= \int_{\lambda}^{\infty} \frac{1}{\sqrt{2\pi y}} e^{-\frac{1}{2}(y + \mu^2)} \frac{e^{\mu\sqrt{y}} + e^{-\mu\sqrt{y}}}{2}\, dy \\
&= 2 - \Phi\left(\sqrt{\lambda} + \mu\right) - \Phi\left(\sqrt{\lambda} - \mu\right) \\
&= 2 - \Phi\left(\frac{\sqrt{2ac}}{\sigma} + \frac{b}{\sigma}\right) - \Phi\left(\frac{\sqrt{2ac}}{\sigma} - \frac{b}{\sigma}\right) \\
&= 2 - \Phi\left(\frac{\sqrt{2ac} + b}{\sigma}\right) - \Phi\left(\frac{\sqrt{2ac} - b}{\sigma}\right)
\end{aligned}
$$

ここで，$\Phi\left[(\sqrt{2ac} + b)/\sigma\right] \approx 1$ に注意すると，

$$P[Y \geq c] \approx 1 - \Phi\left(\frac{\sqrt{2ac} - b}{\sigma}\right)$$

となる．具体的数値を代入すると，$\quad P[Y \geq 40] \approx 1 - \Phi(-1.656) \approx 0.95 = 95\%$ となる．

---

[1] マーチン・ガードナー編，田中勇訳『サム・ロイドのパズル百科』1966，白揚社

Chapter 3

多次元確率変数

1つの変数の単独の性質の考察は希であり，実際の応用上には2つないし多くの変数の関連や，一方の変数を用いて他方の変数の予想を行うことが常である．本章では変数間の関連や予測などを行うための基礎である多次元確率変数についての基本的問題と解説を行う．主として2次元確率変数の問題を扱う．

| 問題 | 33 | 同時確率変数：離散の場合 | 標準 |

　　N 枚のカードがあり $(N>2)$, それぞれのカードに $1, 2, \ldots, N$ の数が印刷されている. このカードから無作為に一枚を抽出して, カードに印刷された数を X とする. カードを元に戻さずにもう一枚を無作為に抽出して, カードに印刷された数を Y とする. 以下の問いに答えよ

(1) (X, Y) の同時分布を求めよ.

(2) X, Y の周辺分布を求めよ.

(3) X と Y は独立か.

解説　X と Y が共に離散型確率変数で, ベクトルとして (X, Y) の性質を考察することが理論と応用の両面において重要である. 一変数の場合と区別して, (X, Y) を 2 次元確率ベクトルという. 2 次元確率ベクトルは高次元確率ベクトルの最も単純なケースである.

　離散型確率ベクトル (X, Y) の性質は**同時確率分布**（joint probability distribution）

$$P_{X,Y}(x, y) = P[X = x, \ Y = y], \quad x = x_1, x_2, \ldots, \ y = y_1, y_2, \ldots$$

に規定される. 同時確率分布から X と Y の**周辺確率分布**（marginal probability distribution）

$$P_X(x) = \sum_y P_{X,Y}(x, y), \qquad P_Y(y) = \sum_x P_{X,Y}(x, y)$$

を定義することができる. 周辺確率分布は考察の対象のみに注目したときの確率変数の分布である. また, 同時確率分布と周辺確率分布から**条件付き分布**（conditional distribution）

$$P_{X|Y}(x|y) = \frac{P_{X,Y}(x, y)}{P_Y(y)}, \qquad P_{Y|X}(y|x) = \frac{P_{X,Y}(x, y)}{P_X(x)}$$

を定義することができる. ただし, $P_X(x) = 0$, $P_Y(y) = 0$ においては定義されないとする.

　2 つの確率変数 X と Y が**独立**（indepedent）であるとは,

$$P_{X,Y}(x, y) = P_X(x) \cdot P_Y(y)$$

が成り立つことをいう. すなわち, X と Y が独立であるための必要十分条件は, 同時確率関数が周辺確率関数に分解できることである. この条件は

$$P_{X|Y}(x|y) = P_X(x)$$

あるいは

$$P_{Y|X}(y|x) = P_Y(y)$$

と同値であることは容易にわかる.

解 答

(1) 最初に抽出される 1 枚のカードは N 通りの可能性がある．このカードを戻さないので，次に抽出される 1 枚は $N-1$ 通りの可能性が残される．確率の乗法定理により，(X,Y) の同時分布は次のようになる．

$$P_{X,Y}(x,y) = P(X=x,\ Y=y)$$
$$= \begin{cases} \dfrac{1}{N(N-1)} & x \neq y = 1,\ldots,N \\ 0 & x=y \end{cases}$$

(2) y に対しての和を取ると，X の周辺分布

$$P_X(x) = \sum_{y=1}^{N} P_{X,Y}(x,y)$$
$$= (N-1) \cdot \frac{1}{N(N-1)}$$
$$= \frac{1}{N}$$

が求められる $(x=1,\ldots,N)$．同様に，$P_Y(y) = \dfrac{1}{N}$ が求められる $(y=1,\ldots,N)$．

くじ引きするとき，上の計算により，当たり外れの確率は引く順番に左右されないことを意味する．

(3) X と Y の周辺分布から

$$P_X(x) \times P_Y(y) = \frac{1}{N^2}$$

となることがわかる．この値は同時確率関数の値 $\dfrac{1}{N(N-1)}$ と一致しない．したがって，X と Y は独立ではない．

| 問題 | *34* | 連続型確率変数：周辺分布・独立性 | 標準 |

(X, Y) の同時密度関数が

$$f(x,y) = \frac{1}{2\pi} \exp\left\{-\frac{x^2+y^2}{2}\right\}$$

で与えられたとき，次の問いに答えよ．

(1) X と Y の周辺密度関数を求めよ．

(2) X と Y は独立か？

解 説　X と Y を連続型確率変数とする．ある 2 変数関数 $f(x,y)$ が

1.　$f(x,y) \geq 0$

2.　$\displaystyle\iint_{\mathbb{R}^2} f(x,y)\,dxdy = 1$

を満たすとする．ただし

$$\mathbb{R}^2 = \{(x,y) \mid -\infty < x < \infty,\ -\infty < y < \infty\}$$

は (x,y) 平面を表す．このとき，任意の $a,b,c,d \in \mathbb{R}$ に対して，

$$P[a \leq X \leq b,\, c \leq Y \leq d] = \iint_D f(x,y)\,dxdy$$

が成り立つとき，$f(x,y)$ を (X,Y) の**同時確率密度関数**（joint probability density function）という．ただし

$$D = \{(x,y) \mid a \leq x \leq b,\, c \leq y \leq d\}$$

同時確率密度関数から，次のようにもう一方の変数に対して積分することにより，**周辺確率密度関数**（marginal probability density function）

$$f_X(x) = \int_{-\infty}^{\infty} f(x,y)\,dy$$

$$f_Y(y) = \int_{-\infty}^{\infty} f(x,y)\,dx$$

を定義することができる．また，同時確率密度関数と周辺確率密度関数より，**条件付き密度関数**（conditional distribution）

$$f_{X|Y}(x|y) = \frac{f(x,y)}{f_Y(y)}$$

$$f_{Y|X}(y|x) = \frac{f(x,y)}{f_X(x)}$$

を定義することができる．

　連続型確率変数 X と Y が**独立**（independent）であるとは，同時密度関数が周辺密度関数に分解されるときをいう．すなわち，

$$f(x,y) = f_X(x)\,f_Y(y)$$

が成り立つことである．この条件は次の条件と同値である．

$$
\begin{aligned}
& f(x,y) = f_X(x)\,f_Y(y) \\
\Longleftrightarrow\ & f_{X|Y}(x|y) = f_X(x) \\
\Longleftrightarrow\ & f_{Y|X}(y|x) = f_Y(y)
\end{aligned}
$$

解答

(1) (X,Y) 同時密度関数

$$f(x,y) = \frac{1}{2\pi} \exp\left\{ -\frac{x^2+y^2}{2} \right\} \tag{1}$$

を次のように y について積分すれば，X の周辺密度関数

$$
\begin{aligned}
f_X(x) &= \int_{-\infty}^{\infty} \frac{1}{2\pi} e^{-\frac{x^2+y^2}{2}}\, dy \\
&= \frac{1}{\sqrt{2\pi}} e^{-\frac{x^2}{2}} \int_{-\infty}^{\infty} \frac{1}{\sqrt{2\pi}} e^{-\frac{y^2}{2}}\, dy \\
&= \frac{1}{\sqrt{2\pi}} e^{-\frac{x^2}{2}}
\end{aligned}
$$

を得ることができる．

　同様に x について積分すれば，Y の周辺密度関数

$$f_Y(y) = \frac{1}{\sqrt{2\pi}} e^{-\frac{y^2}{2}}$$

が得られる．

　式 (1) を 2 次元標準正規分布の密度関数という．上の計算により，2 次元標準正規分布の周辺分布は標準正規分布であることを意味する．

(2) 上の計算により，

$$f(x,y) = f_X(x)\,f_Y(y)$$

となることから，X と Y は独立である．

| 問題 | 35 | 条件付き期待値と分散：2 次元正規分布 | 標準 |

(X, Y) が 2 次元正規分布に従い，その密度関数が以下で与えられているとする．

$$f(x,y) = \frac{1}{2\pi\sigma_1\sigma_2\sqrt{1-\rho^2}} \exp\left\{ -\frac{1}{2(1-\rho^2)} \left(\frac{x^2}{\sigma_1^2} - \frac{2\rho}{\sigma_1\sigma_2}xy + \frac{y^2}{\sigma_2^2} \right) \right\}$$

ただし，$|\rho| < 1$, $\sigma_1 > 0$, $\sigma_2 > 0$ である．このとき，以下の問いに答えよ．

(1) Y の周辺密度関数 $f_Y(y)$ を求めよ．
(2) 条件付き密度関数 $f_{X|Y}(x|y)$ を求めよ．
(3) 条件付き期待値 $E[X|y]$ と条件付き分散 $V[X|y]$ を求めよ．

解 説　この問いは，条件付き期待値 (conditional mean) と条件付き分散 (conditional variance) についての理解が求められる．

1.　(X, Y) を離散型確率変数とし，その同時確率関数を $P_{X,Y}(x,y)$ とする．また，Y の周辺確率関数を $P_Y(y)$ とする．このとき，$Y = y$ が与えられたときの，X の条件付き期待値と条件付き分散は次で与えられる．

$$条件付き期待値：E[X|y] = \sum_x x\, P_{X|Y}(x|y) = \sum_x x\, \frac{P_{X,Y}(x,y)}{P_Y(y)}$$

$$条件付き分散：V[X|y] = \sum_x \{x - E[X|y]\}^2\, P_{X|Y}(x|y)$$
$$= \sum_x \{x - E[X|y]\}^2\, \frac{P_{X,Y}(x,y)}{P_Y(y)}$$

2.　(X, Y) を連続型確率変数とし，その同時確率密度関数を $f_{X,Y}(x,y)$ とする．また，Y の周辺確率密度関数を $f_Y(y)$ とする．このとき，$Y = y$ が与えられたときの，X の条件付き期待値と条件付き分散は次で与えられる．

$$条件付き期待値：E[X|y] = \int_{-\infty}^{\infty} x\, f_{X|Y}(x|y)\, dx = \int_{-\infty}^{\infty} x\, \frac{f_{X,Y}(x,y)}{f_Y(y)}\, dx$$

$$条件付き分散：V[X|y] = \int_{-\infty}^{\infty} \{x - E[X|y]\}^2\, f_{X|Y}(x|y)\, dx$$
$$= \int_{-\infty}^{\infty} \{x - E[X|y]\}^2\, \frac{f_{X,Y}(x,y)}{f_Y(y)}\, dx$$

解 答

(1) Y の周辺密度関数 $f_Y(y)$ は，(X, Y) の同時密度関数

$$f(x, y) = \frac{1}{2\pi\sigma_1\sigma_2\sqrt{1-\rho^2}} \exp\left\{-\frac{1}{2(1-\rho^2)}\left(\frac{x^2}{\sigma_1^2} - \frac{2\rho}{\sigma_1\sigma_2}xy + \frac{y^2}{\sigma_2^2}\right)\right\}$$

を次のように x について積分すれば求められる．

$$
\begin{aligned}
f_Y(y) &= \int_{-\infty}^{\infty} f(x, y)\, dx \\
&= \frac{1}{2\pi\sigma_1\sigma_2\sqrt{1-\rho^2}} \exp\left\{-\frac{y^2}{2(1-\rho^2)}\right\} \times \\
&\quad \int_{-\infty}^{\infty} \exp\left\{-\frac{1}{2(1-\rho^2)}\left(\frac{x^2}{\sigma_1^2} - \frac{2\rho}{\sigma_1\sigma_2}xy\right)\right\} dx \\
&= \frac{1}{\sqrt{2\pi}\sigma_2} \exp\left\{-\frac{y^2}{2\sigma_2^2}\right\}
\end{aligned}
$$

上の計算により，$Y \sim N(0, \sigma_2^2)$ がわかる．

(2) 条件付き密度関数 $f_{X|Y}(x|y)$ 定義により，次のように計算できる．

$$
\begin{aligned}
f_{X|Y}(x|y) &= \frac{f(x, y)}{f_Y(y)} \\
&= \frac{1}{\sqrt{2\pi}\sigma_1\sqrt{1-\rho^2}} \times \\
&\quad \exp\left\{-\frac{1}{2(1-\rho^2)}\left(\frac{x^2}{\sigma_1^2} - \frac{2\rho}{\sigma_1\sigma_2}xy + \frac{y^2}{\sigma_2^2}\right) + \frac{y^2}{2\sigma_2^2}\right\} \\
&= \frac{1}{\sqrt{2\pi}\sigma_1\sqrt{1-\rho^2}} \exp\left\{-\frac{1}{2(1-\rho^2)\sigma_1^2}\left(x - \frac{\sigma_1}{\sigma_2}\rho y\right)^2\right\}
\end{aligned}
$$

これは正規分布の密度関数である．すなわち

$$X|Y = y \sim N\left(\frac{\sigma_1}{\sigma_2}\rho y, (1-\rho^2)\sigma_1^2\right) \tag{1}$$

(3) 式 (1) より，条件付き期待値と分散

$$E[X|y] = \frac{\sigma_1}{\sigma_2}\rho y$$

$$V[X|y] = (1-\rho^2)\sigma_1^2$$

となる．

問題 *36*　確率変数の関数：離散の場合　　　　　標準

1　偏りのないコインを続けて独立に投げる試行を考える．X を表が最初に出る
までの試行の回数とする．また Y を最初に表が出る前までの試行の回数とする．こ
のとき，X と Y の確率密度関数をそれぞれ求めよ．

2　X が一様分布に従う確率変数で，確率関数が

$$P(X=x)=\frac{1}{101}, \quad x=0,1,2,\ldots,100$$

で与えられているとする．関数 $Y=g(X)$ が

$$Y=g(X)=\begin{cases} 0, & 0\leq X<60 \\ 1, & 60\leq X<80 \\ 2, & 80\leq X\leq 100 \end{cases}$$

で与えられる．このとき，Y の確率関数を求めよ．

3　X の確率関数が

$$p_X(x)=\begin{cases} \dfrac{3!}{x!(3-x)!}\left(\dfrac{2}{3}\right)^x\left(\dfrac{1}{3}\right)^{3-x}, & x=0,1,2,3 \\ 0, & \text{その他} \end{cases}$$

で与えられたとき，$Y=X^2$ の確率関数を求めよ．

解説　X を離散型確率変数とする．このとき，$Y=g(X)$ も離散型確率変数である．
Y の確率関数は X の確率関数によって決まる．このとき，

$$g^{-1}(y)=\{x\,|\,g(x)=y\}$$

と定めると，Y の確率密度関数は，

$$\begin{aligned} P(Y=y) &= P[g(X)=y] \\ &= P[X\in g^{-1}(y)] \\ &= \sum_{x\in g^{-1}(y)} P(X=x) \end{aligned}$$

で計算することができる．

解 答

$\boxed{1}$　X の取りうる値は $X = x = 1, 2, \ldots$　である．最初に表が出るまでの試行の回数を x とすると，最初の $x-1$ 回は裏で，第 x 回が表である．したがって，X の確率関数は

$$P_X(x) = P(X = x) = \left(\frac{1}{2}\right)^{x-1}\left(\frac{1}{2}\right) = \left(\frac{1}{2}\right)^x, \qquad x = 1, 2, \ldots$$

と計算できる．この分布は幾何分布という．

$Y = X - 1$ となることに注意すると，$g(x) = x - 1$ となり，

$$g^{-1}(y) = y + 1$$

となる．したがって，

$$P_Y(y) = P_X(y+1) = \left(\frac{1}{2}\right)^{y+1}, \qquad y = 0, 1, 2, \ldots$$

$\boxed{2}$　この問題のように，与えられた関数

$$Y = g(X) = \begin{cases} 0, & 0 \leq X < 60 \\ 1, & 60 \leq X < 80 \\ 2, & 80 \leq X \leq 100 \end{cases}$$

が多対 1 であっても次のように計算できる．

$$P(Y = 0) = P(0 \leq X < 60) = \sum_{x=0}^{59} P(X = x) = \frac{60}{101}$$

$$P(Y = 1) = P(60 \leq X < 80) = \sum_{x=60}^{79} P(X = x) = \frac{20}{101}$$

$$P(Y = 2) = P(80 \leq X \leq 100) = \sum_{x=80}^{100} P(X = x) = \frac{21}{101}$$

$\boxed{3}$　X が正の値を取るので，$Y = X^2$ は単調変換である．また，

$$x = g^{-1}(y) = \sqrt{y}$$

となることに注意すると，Y の確率関数 $p_Y(y)$ は次のように計算できる．

$$p_Y(y) = p_X(\sqrt{y})$$
$$= \frac{3!}{(\sqrt{y})!(3-\sqrt{y})!}\left(\frac{2}{3}\right)^{\sqrt{y}}\left(\frac{1}{3}\right)^{3-\sqrt{y}}, \qquad y = 0, 1, 4, 9$$

問題 37　確率変数の関数：連続の場合　　標準

1　X は平均 μ, 分散 σ^2 の正規分布 $N(\mu, \sigma^2)$ に従う確率変数とし, a, b を定数とする $(a \neq 0)$. このとき,

$$Y = aX + b \sim N(a\mu + b, \, a^2\sigma^2)$$

となることを示せ.

2　X の確率密度関数を $f(x)$ とすると, $Y = X^2$ の確率密度関数 $g(y)$ は

$$g(y) = \begin{cases} \dfrac{1}{2\sqrt{y}} \left(f(\sqrt{y}) + f(-\sqrt{y}) \right), & y > 0 \\ 0, & y \leq 0 \end{cases}$$

となることを示せ.

3　X を $(0,1)$ 上の一様分布に従う確率変数とする. $Y = -2\log X$ の密度関数を求めよ.

解説　X は連続型確率変数で, 密度関数を $f(x)$ とする. $Y = g(X)$ は微分可能な単調関数とする. このとき, Y の密度関数 $h(y)$ は次で与えられる.

$$h(y) = \begin{cases} f[g^{-1}(y)] \left[g^{-1}(y) \right]' & g(x) : 単調増加の場合 \\ -f[g^{-1}(y)] \left[g^{-1}(y) \right]' & g(x) : 単調減少の場合 \end{cases}$$

ただし, $x = g^{-1}(y)$ は $y = g(x)$ の逆関数である.

このことは, 次のようにして証明できる. 任意の $a, b \in \mathbb{R}$ に対し

$$\begin{aligned} P[a \leq Y \leq b] &= P[a \leq g(X) \leq b] \\ &= P\left[g^{-1}(a) \leq X \leq g^{-1}(b) \right] \\ &= \int_{g^{-1}(a)}^{g^{-1}(b)} f(x) \, dx \\ &= \int_a^b f[g^{-1}(y)] \left[g^{-1}(y) \right]' \, dy \end{aligned}$$

ただし, 最後の式では $x = g^{-1}(y)$ という変換を用いた.

解答

1　$y = g(x) = ax + b$ より

$$x = \frac{y - b}{a}, \qquad \frac{dx}{dy} = \frac{1}{a}$$

となることから,

X の密度関数を $f(x)$ とすると，

$$f[g^{-1}(y)]\left|\frac{dx}{dy}\right| = \frac{1}{\sqrt{2\pi}\sigma}\exp\left\{-\frac{[(y-b)/a-\mu]^2}{2\sigma^2}\right\}\frac{1}{|a|}$$

$$= \frac{1}{\sqrt{2\pi}\sigma|a|}\exp\left\{-\frac{[y-(a\mu+b)]^2}{2\sigma^2a^2}\right\}$$

$$= N(a\mu+b,\,a^2\sigma^2)$$

2　$0 < a < b$ に対して，

$$P(a < Y < b) = P(a < X^2 < b)$$

$$= P(\sqrt{a} < X < \sqrt{b}) + P(-\sqrt{b} < X < -\sqrt{a})$$

$$= \int_{\sqrt{a}}^{\sqrt{b}} f(x)\,dx + \int_{-\sqrt{b}}^{-\sqrt{a}} f(x)\,dx$$

$$= \int_{a}^{b} f(\sqrt{y})\frac{1}{2\sqrt{y}}\,dy + \int_{b}^{a} f(-\sqrt{y})\frac{1}{-2\sqrt{y}}\,dy$$

$$= \int_{a}^{b} \frac{1}{2\sqrt{y}}\left(f(\sqrt{y})+f(-\sqrt{y})\right)\,dy$$

が成り立つ（途中で $y = x^2$ という変換を用いた）．したがって，$Y = X^2$ の確率密度関数は

$$g(y) = \begin{cases} \dfrac{1}{2\sqrt{y}}\left(f(\sqrt{y})+f(-\sqrt{y})\right), & y > 0 \\ 0, & y \leq 0 \end{cases}$$

である．

3　X の密度関数は

$$f(x) = 1 \qquad (0 < x < 1)$$

である．

$$x = g^{-1}(y) = e^{-y/2}$$

となることに注意すると，

$$\frac{dx}{dy} = -\frac{1}{2}e^{-y/2}$$

となる．したがって，$Y = -2\log X$ の密度関数は

$$f_Y(y) = f_X(g^{-1}(y))\left|\frac{dx}{dy}\right| = \frac{1}{2}e^{-y/2}, \qquad 0 < y < \infty$$

となる．

問題	38	**2つの確率変数の関数：離散の場合**	標準

> $\boxed{1}$　X と Y は二項分布に従う独立な確率変数で，$X \sim Bi(m,p)$, $Y \sim Bi(n,p)$ とする．このとき，$Z = X+Y$ も二項分布に従う，すなわち，$Z \sim Bi(m+n,p)$ となることを示せ．
>
> $\boxed{2}$　X と Y はポアソン分布に従う独立な確率変数で，$X \sim Po(\mu_1)$, $Y \sim Po(\mu_2)$ とする．このとき，$Z = X+Y$ もポアソン分布に従う，すなわち，$Z \sim Po(\mu_1 + \mu_2)$ となることを示せ．

解説　問題 $\boxed{1}$ は二項分布の和が二項分布であることを主張し，問題 $\boxed{2}$ はポアソン分布の和がポアソン分布であることを主張している．確率分布の和が同じ分布形であることを**確率分布の再生性**という．積率母関数による証明法は後に示すが，ここでは確率関数の定義に従って直接計算する方法で示す．

離散型確率変数 (X,Y) の同時確率関数を

$$p(x,y) = P(X=x,\ Y=y)$$

とする．$Z = \psi(X,Y)$ を (X,Y) の関数とする．D_z を

$$D_z = \{(x,y) | \psi(x,y) = z\}$$

とすると，Z の確率関数は次のように計算される．

$$P(Z=z) = P[\psi(X,Y) = z]$$
$$= \sum_{(x,y) \in D_z} p(x,y)$$

上の計算を直接行うことが難しい場合，1 対 1 変換

$$\begin{cases} Z &= g_1(X,Y) \\ W &= g_2(X,Y) \end{cases}$$

を考える．その逆変換

$$\begin{cases} X &= g_1^{-1}(Z,W) \\ Y &= g_2^{-1}(Z,W) \end{cases}$$

により，(Z,W) の同時確率関数

$$p_{Z,W}(z,w) = P(Z=z,\ W=w) = p_{X,Y}(g_1^{-1}(z,w),\ g_2^{-1}(z,w))$$

を求めることができる．W についての和を取れば（周辺化という），Z の（周辺）確率関数を得る．

解 答

1 　まず次の恒等式

$$_{m+n}C_z = \sum_{x+y=z} {}_mC_x \cdot {}_nC_y$$

に注意する．X と Y の独立性より，Z の確率関数は次のように計算される．

$$
\begin{aligned}
P(Z=z) &= P(X+Y=z)\\
&= \sum_{x+y=z} P(X=x)\,P(Y=y)\\
&= \sum_{x+y=z} {}_mC_x \cdot {}_nC_y\, p^{x+y}(1-p)^{m+n-(x+y)}\\
&= p^z(1-p)^{m+n-z} \sum_{x+y=z} {}_mC_x \cdot {}_nC_y\\
&= {}_{m+n}C_z\, p^z(1-p)^{m+n-z}
\end{aligned}
$$

したがって，$Z \sim Bi(m+n,p)$ となることがわかる．

2 　X と Y はそれぞれポアソン分布に従い，また独立性より，(X,Y) の同時確率関数は

$$p_{X,Y}(x,y) = \frac{\mu_1^x \mu_2^y e^{-\mu_1} e^{-\mu_2}}{x!\,y!}, \qquad x=0,1,2,\ldots; y=0,1,2,\ldots$$

となる．ここで，$W=Y$ とし，次の 1 対 1 変換

$$z=x+y, \qquad w=y$$

を考える．ただし，$z=0,1,2,\ldots; w=0,1,2,\ldots$ で，$w \le z$ である．この変換の逆変換は

$$x=z-w, \qquad y=w$$

である．したがって，(Z,W) の同時確率関数は

$$p_{Z,W}(z,w) = \frac{\mu_1^{z-w} \mu_2^w e^{-\mu_1} e^{-\mu_2}}{(z-w)!\,w!}, \qquad z=0,1,2,\ldots; w=0,1,2,\ldots; z \ge w$$

となることから，Z の周辺確率関数は次のように求めることができる．

$$
\begin{aligned}
p_Z(z) &= \sum_{w=0}^{z} p_{Z,W}(z,w)\\
&= \frac{e^{-\mu_1-\mu_2}}{z!} \sum_{w=0}^{z} \frac{z!}{(z-w)!\,w!} \mu_1^{z-w} \mu_2^w\\
&= \frac{(\mu_1+\mu_2)^z e^{-\mu_1-\mu_2}}{z!}, \qquad z=0,1,2,\ldots
\end{aligned}
$$

最後の式は二項定理による．この結果から，$Z \sim Po(\mu_1+\mu_2)$ となることが示される．

| 問題 | 39 | 2つの確率変数の関数：連続の場合 | 標準 |

$\boxed{1}$　(X, Y) の同時密度関数を $f(x, y)$ とする．$Z = X + Y$ の密度関数 $h_Z(z)$ が次で与えられることを示せ．

$$h_Z(z) = \int_{-\infty}^{\infty} f(z - w, w)\, dw$$

$\boxed{2}$　(X, Y) の同時密度関数を $f(x, y)$ とする．$Z = XY$ の密度関数 $h_Z(z)$ が次で与えられることを示せ．

$$h_{XY}(z) = \int_{-\infty}^{\infty} f\left(\frac{z}{w}, w\right) \frac{1}{|w|}\, dw$$

$\boxed{3}$　(X, Y) の同時密度関数が

$$f_{X,Y}(x, y) = \frac{1}{4} \exp\left(-\frac{x + y}{2}\right), \quad 0 < x, y < \infty$$

で与えられるとき，$Z = \dfrac{X - Y}{2}$ の密度関数を求めよ．

解　説　(X, Y) の同時密度関数を $f_{X,Y}(x, y)$ とする．$Z = f_1(X, Y)$ の密度関数を求める問題を考える．一般的な方法として，まず，(x, y) 平面上の $f_{X,Y}(x, y)$ の定義域 D から (z, w) 平面上の領域 T への 1 対 1 変換

$$\begin{cases} z = f_1(x, y) \\ w = f_2(x, y) \end{cases}$$

を考える．w については関心がないので，なるべく計算しやすいように $f_2(x, y)$ を選ぶ．この変換の逆変換を

$$\begin{cases} x = g_1(z, w) \\ y = g_2(z, w) \end{cases}$$

として，ヤコビアンを

$$J = \begin{vmatrix} \dfrac{\partial x}{\partial z} & \dfrac{\partial x}{\partial w} \\ \dfrac{\partial y}{\partial z} & \dfrac{\partial y}{\partial w} \end{vmatrix}$$

とすると、(Z, W) の同時密度関数は

$$f_{Z,W}(z, w) = |J| f_{X,Y}(g_1(z, w), g_2(z, w)), \quad (z, w) \in T$$

となる．w についての周辺化（積分）を行えば，Z の周辺密度関数が求められる．

解 答

1　(x,y) 平面上の領域 $D = \{(x,y)|a \leq x+y \leq b\}$ を考える．変換 $Z = X+Y$, $W = Y$ により，領域 D は領域 $E = \{(z,w)|a \leq z \leq b, -\infty < w < \infty\}$ に 1 対 1 で変換される．この変換のヤコビアンは 1 である．したがって，

$$P(a \leq X+Y \leq b) = \iint_D f(x,y)\,dxdy = \iint_E f(z-w,w)\,dzdw$$
$$= \int_a^b \left\{\int_{-\infty}^\infty f(z-w,w)\,dw\right\}dz$$

と計算でき，Z の密度関数 $h_Z(z) = \int_{-\infty}^\infty f(z-w,w)\,dw$ を得る．

2　任意の $0 < a < b$ に対して，(x,y) 平面上の集合 $D = \{(x,y)|a \leq xy \leq b\}$ を考える．変換 $Z = XY$, $W = Y$ により，領域 D は領域 $E = \{(z,w)|a \leq z \leq b, -\infty < w < \infty\}$ に 1 対 1 で変換される．この変換のヤコビアンは $\dfrac{1}{|w|}$ なので，

$$P(a \leq XY \leq b) = \iint_D f(x,y)\,dxdy = \iint_E f\left(\frac{z}{w}, w\right)\frac{1}{|w|}\,dzdw$$
$$= \int_a^b \left\{\int_{-\infty}^\infty f\left(\frac{z}{w}, w\right)\frac{1}{|w|}\,dw\right\}dz$$

となる．ゆえに，$Z = XY$ の密度関数 $h_Z(z) = \int_{-\infty}^\infty f\left(\dfrac{z}{w}, w\right)\dfrac{1}{|w|}\,dw$ を得る．

3　次の (x,y) 平面上の定義域から (z,w) 平面への 1 対 1 変換 $z = \dfrac{x-y}{2}$, $w = y$ を考える．この変換の逆変換は $x = 2z+w$, $y = w$ である．変換後領域は

$$T = \{(z,w)\,|-2z < w, \ -\infty < z < \infty, \ w > 0\}$$

となる．ヤコビアンは

$$J = \begin{vmatrix} \frac{\partial x}{\partial z} & \frac{\partial x}{\partial w} \\ \frac{\partial y}{\partial z} & \frac{\partial y}{\partial w} \end{vmatrix} = \begin{vmatrix} 2 & 1 \\ 0 & 1 \end{vmatrix} = 2$$

である．したがって，(Z,W) の同時密度関数は

$$f_{Z,W}(z,w) = \frac{1}{2}e^{-z-w}, \qquad (z,w) \in T$$

以上により，Z の周辺密度関数は

$$f_Z(z) = \begin{cases} \int_{-2z}^\infty \frac{1}{2}e^{-z-w} = \frac{1}{2}e^z, & -\infty < z < 0 \\ \int_0^\infty \frac{1}{2}e^{-z-w} = \frac{1}{2}e^{-z}, & 0 < z < -\infty \end{cases}$$

と計算できる．$f_Z(z)$ は

$$f_Z(z) = \frac{1}{2}e^{|z|}, \qquad -\infty < z < \infty$$

とも書ける．この分布はラプラス分布として知られる．

| 問題 | 40 | 二項分布・ポアソン分布・正規分布の再生性 | 標準 |

$\boxed{1}$　$X \sim Bi(m, p)$,　$Y \sim Bi(n, p)$ で，また X と Y が独立ならば，

$$X + Y \sim Bi(m+n,\ p)$$

が成り立つことを示せ.

$\boxed{2}$　$X \sim Po(\lambda_1)$,　$Y \sim Po(\lambda_2)$ で，また X と Y が独立ならば，

$$X + Y \sim Po(\lambda_1 + \lambda_2)$$

が成り立つことを示せ.

$\boxed{3}$　$X \sim N(\mu_1, \sigma_1^2)$,　$Y \sim N(\mu_2, \sigma_2^2)$ で，また X と Y が独立ならば，

$$X + Y \sim N(\mu_1 + \mu_2,\ \sigma_1^2 + \sigma_2^2)$$

が成り立つことを示せ.

解 説　確率変数 X が与えられたときに，X の積率母関数 $M(t) = E[e^{Xt}]$ が一意的に（ただ 1 つ）計算することができる．ここで，t は実数で，t の取りうる範囲は，$M(t)$ の存在を保証する範囲である．

　この逆も成り立つ．すなわち，積率母関数 $M(t)$ が与えられれば，確率変数 X の分布が一意的に決まってしまうのである．言い換えると，ある確率変数 X の積率母関数 $M(t)$ がある確率分布 $f(x)$（離散型の場合は確率関数で，連続の場合は確率密度関数）の積率母関数と一致するとき，X の分布は $f(x)$ と一致する.

　この問題は独立な確率変数 X, Y の和の分布を確認する問題である．上の方針に従って，$X + Y$ の積率母関数を計算し，それが既知の分布の積率母関数と一致することを確認すれば良い．X と Y の独立性により，$X + Y$ の積率母関数は

$$\begin{aligned}
M_{X+Y}(t) &= E[e^{(X+Y)t}] \\
&= E[e^{Xt} e^{Yt}] \\
&= E[e^{Xt}] E[e^{Yt}] \\
&= M_X(t)\, M_Y(t)
\end{aligned}$$

と，X の積率母関数と Y の積率母関数の積に分解されることに注意する.

解 答

1　$X \sim Bi(m,p)$,　$Y \sim Bi(n,p)$ で，また X と Y が独立なので，$X+Y$ の積率母関数は

$$\begin{aligned} M_{X+Y}(t) &= M_X(t)\,M_Y(t) \\ &= (p\,e^t + 1 - p)^m\,(p\,e^t + 1 - p)^n \\ &= (p\,e^t + 1 - p)^{m+n} \end{aligned}$$

と計算できる．これは二項分布 $Bi(m+n,p)$ の積率母関数に一致する．したがって，

$$X+Y \sim Bi(m+n,p)$$

となる．

2　$X \sim Po(\lambda_1)$,　$Y \sim Po(\lambda_2)$ で，また X と Y が独立なので，$X+Y$ の積率母関数は

$$\begin{aligned} M_{X+Y}(t) &= M_X(t)\,M_Y(t) \\ &= e^{\lambda_1(e^t-1)}\,e^{\lambda_2(e^t-1)} \\ &= e^{(\lambda_1+\lambda_2)(e^t-1)} \end{aligned}$$

と計算できる．これはポアソン分布 $Po(\lambda_1+\lambda_2)$ の積率母関数に一致する．したがって，

$$X+Y \sim Po(\lambda_1+\lambda_2)$$

となる．

3　$X \sim N(\mu_1, \sigma_1^2)$,　$Y \sim N(\mu_2, \sigma_2^2)$ で，また X と Y が独立なので，$X+Y$ の積率母関数は

$$\begin{aligned} M_{X+Y}(t) &= M_X(t)\,M_Y(t) \\ &= \exp\left\{ \mu_1 t + \frac{\sigma_1^2 t^2}{2} \right\} \exp\left\{ \mu_2 t + \frac{\sigma_2^2 t^2}{2} \right\} \\ &= \exp\left\{ (\mu_1+\mu_2)t + \frac{(\sigma_1^2+\sigma_2^2)}{2} t^2 \right\} \end{aligned}$$

と計算できる．これは正規分布 $N(\mu_1+\mu_2,\, \sigma_1^2+\sigma_2^2)$ の積率母関数に一致する．したがって，

$$X+Y \sim N(\mu_1+\mu_2,\, \sigma_1^2+\sigma_2^2)$$

となる．

| 問題 | 41 | 正規分布からの標本抽出：カイ 2 乗分布 | やや難 |

$\boxed{1}$　$X_1, \ldots, X_n$ は独立で，標準正規分布 $N(0, 1)$ に従う確率変数とする．このとき，$Y = X_1^2 + \cdots + X_n^2$ の密度関数 $f(y)$ は

$$f(y) = \frac{1}{\Gamma(n/2)} \left(\frac{1}{2}\right)^{\frac{n}{2}} y^{\frac{n}{2}-1} e^{-\frac{y}{2}}, \qquad y > 0 \tag{1}$$

となることを示せ．ただし，$\Gamma(z)$ は

$$\Gamma(z) = \int_0^\infty t^{z-1} e^{-t} \, dt \qquad (z > 0)$$

で定義される**ガンマ関数**である．(1) を自由度 n のカイ 2 乗分布の密度関数という．

$\boxed{2}$　Y を自由度 n のカイ 2 乗分布に従う確率変数とする．このとき，Y の期待値と分散はそれぞれ

$$E[Y] = n, \qquad V[Y] = 2n$$

となることを示せ．

$\boxed{3}$　自由度が大きいときに，カイ 2 乗分布は正規分布で近似できることを説明せよ．

解説　カイ 2 乗分布は統計的推測を行う上で極めて重要な役割を果たす確率分布である．標本分散の分布は本質的にカイ 2 乗分布に帰着される．カイ 2 乗分布を用いて，F 分布や t 分布などの重要な確率分布が定義される．

確率密度関数 (1) が与えられているので，これにより直接，積率母関数を計算できる．この積率母関数と $Y = X_1^2 + \cdots + X_n^2$ の積率母関数が一致することを確認すれば良い．

解答

$\boxed{1}$　$X_1, \ldots, X_n$ の独立性より，Y の積率母関数は以下のように計算できる．

$$M_Y(t) = E[\exp(Yt)] = E\left[\exp\left(\sum_{i=1}^n X_i^2 t\right)\right] = \left(E\, e^{X_1^2 t}\right)^n$$

上述の式の右辺の $E\, e^{X_1^2 t}$ は，

$$\begin{aligned} E\, e^{X_1^2 t} &= \int_{-\infty}^\infty e^{x^2 t} \frac{1}{\sqrt{2\pi}} e^{-\frac{x^2}{2}} \, dx \\ &= \int_{-\infty}^\infty \frac{1}{\sqrt{2\pi}} e^{-\frac{x^2}{2}(1-2t)} \, dx \\ &= \frac{1}{\sqrt{1-2t}} \qquad (1 - 2t > 0) \end{aligned}$$

と計算できる．したがって，

$$M_Y(t) = \left(\frac{1}{1-2t}\right)^{\frac{n}{2}}$$

一方，与えられた密度関数に対応する積率母関数は，

$$\int_0^\infty e^{yt} f(y)\, dy = \int_0^\infty e^{yt} \frac{1}{\Gamma(n/2)} \left(\frac{1}{2}\right)^{\frac{n}{2}} y^{\frac{n}{2}-1} e^{-\frac{y}{2}}\, dy$$

$$= \int_0^\infty \frac{1}{\Gamma(n/2)} \left(\frac{1}{2}\right)^{\frac{n}{2}} y^{\frac{n}{2}-1} e^{-\frac{y}{2}+yt}\, dy$$

$$\left(x = \frac{y}{2} - yt\right) = \int_0^\infty \frac{1}{\Gamma(n/2)} \left(\frac{1}{2}\right)^{\frac{n}{2}} \left(\frac{2}{1-2t}x\right)^{\frac{n}{2}-1} e^{-x} \left(\frac{2}{1-2t}dx\right)$$

$$= \left(\frac{1}{1-2t}\right)^{\frac{n}{2}} \frac{1}{\Gamma(n/2)} \int_0^\infty x^{\frac{n}{2}-1} e^{-x}\, dx$$

$$= \left(\frac{1}{1-2t}\right)^{\frac{n}{2}}$$

と計算できる．これは $M_Y(t)$ に一致する．

$\boxed{2}$　Y の積率母関数が $M(t) = (1-2t)^{-\frac{n}{2}}$ となることから，$M(t)$ を t について 2 回微分すると，

$$M'(t) = n(1-2t)^{-\frac{n}{2}-1}$$

$$M''(t) = n(n+2)(1-2t)^{-\frac{n}{2}-2}$$

となる．したがって，Y の平均は $E[Y] = M'(0) = n$ で，
分散は $V[Y] = E[X^2] - E[X]^2 = M''(0) - n^2 = 2n$ である．

$\boxed{3}$　$X_1, \ldots, X_n$ が独立に $N(0,1)$ に従うとき，$Z_1 = X_1^2, \ldots, Z_n = X_n^2$ は独立に自由度 1 のカイ 2 乗分布に従う．また，$E[Z_i] = 1$, $V[Z_i] = 2$ である．

$$\overline{Z} = \frac{1}{n} \sum_{i=1}^n X_i^2 = \frac{Y}{n}$$

とすると，中心極限定理により，自由度 n が大きいときに、

$$\frac{\sqrt{n}(Y/n - 1)}{\sqrt{2}} = \frac{\sqrt{n}(\overline{Z} - 1)}{\sqrt{2}}$$

$$\longrightarrow N(0,1)$$

となり，Y は正規分布 $N(n, 2n)$ で近似できることがわかる．

問題 | 42 | 正規分布からの標本抽出：F 分布   やや難

1   X は自由度 m の χ^2 分布, Y は自由度 n の χ^2 分布に従う確率変数とする. また, X と Y は独立であるとする. このとき,

$$Z = \frac{X/m}{Y/n}$$

の密度関数 $f(z)$ が

$$f(z) = \frac{1}{B(\frac{m}{2}, \frac{n}{2})} \left(\frac{m}{n}\right)^{\frac{m}{2}} z^{\frac{m}{2}-1} \left(1 + \frac{m}{n}z\right)^{-\frac{m+n}{2}}, \qquad z > 0 \qquad (1)$$

で与えられることを示せ. ただし, $B(x, y)$ は**ベータ関数**といい,

$$B(x, y) = \int_0^1 t^{x-1}(1-t)^{y-1}\,\mathrm{d}t = \frac{\Gamma(x)\,\Gamma(y)}{\Gamma(x+y)}$$

で定義される. (1) を自由度 (m, n) の F 分布の密度関数という.

2   自由度 (m, n) の F 分布に従う Z の期待値が以下となることを示せ.

$$E[Z] = \frac{n}{n-2} \qquad (n > 2)$$

解説 F 分布はバラツキ（分散）の大きさを比較するときに有効な確率分布である. 統計モデルの比較を行う際によく用いられる. 積率母関数の計算が難しいため, 変数変換を考え, 周辺化（積分）を行う方法を用いる.

解答

1   X, Y の独立性より, X, Y の同時密度関数は

$$f(x, y) = \frac{2^{-\frac{m}{2}}}{\Gamma(m/2)} x^{\frac{m}{2}-1} e^{-\frac{x}{2}} \times \frac{2^{-\frac{n}{2}}}{\Gamma(n/2)} y^{\frac{n}{2}-1} e^{-\frac{y}{2}}, \qquad x > 0,\ y > 0$$

となる. 次の 1 対 1 の変数変換を考える.

$$\begin{cases} z = \dfrac{x/m}{y/n} = \dfrac{nx}{my} \\ w = y \end{cases} \iff \begin{cases} x = \dfrac{m}{n}zw \\ y = w \end{cases}$$

この変換の**ヤコビアン**は

$$\frac{\partial(x, y)}{\partial(z, w)} = \begin{vmatrix} \frac{\partial x}{\partial z} & \frac{\partial x}{\partial w} \\ \frac{\partial y}{\partial z} & \frac{\partial y}{\partial w} \end{vmatrix} = \begin{vmatrix} \frac{m}{n}w & \frac{m}{n}z \\ 0 & 1 \end{vmatrix} = \frac{m}{n}w$$

となる. $f(z)$ を z の周辺密度関数, $g(z, w)$ を (z, w) の同時密度関数とすると,

$$f(z) = \int_0^\infty g(z, w)\, dw = \int_0^\infty f\left(\frac{m}{n} zw, w\right) \frac{m}{n} w\, dw$$

$$= \int_0^\infty \frac{2^{-\frac{m+n}{2}}}{\Gamma(\frac{m}{2})\Gamma(\frac{n}{2})} \left(\frac{m}{n} zw\right)^{\frac{m}{2}-1} e^{-\frac{m}{2n} zw} w^{\frac{n}{2}-1} e^{-\frac{w}{2}} \frac{m}{n} w\, dw$$

$$= \frac{\left(\frac{m}{n}\right)^{\frac{m}{2}} z^{\frac{m}{2}-1}}{2^{\frac{m+n}{2}} \Gamma(\frac{m}{2})\Gamma(\frac{n}{2})} \int_0^\infty w^{\frac{m+n}{2}-1} e^{-\frac{w(mz+n)}{2n}}\, dw$$

と計算できる．変数変換 $t = -\frac{w(mz+n)}{2n}$ すると，$w = \frac{2nt}{mz+n}$，$dw = \frac{2n}{mz+n}\, dt$ なので，

$$\int_0^\infty w^{\frac{m+n}{2}-1} e^{-\frac{w(mz+n)}{2n}}\, dw = \int_0^\infty \left(\frac{2nt}{mz+n}\right)^{\frac{m+n}{2}-1} e^{-t} \times \frac{2n}{mz+n}\, dt$$

$$= \left(\frac{2n}{mz+n}\right)^{\frac{m+n}{2}} \int_0^\infty t^{\frac{m+n}{2}} e^{-t}\, dt$$

$$= \left(\frac{2n}{mz+n}\right)^{\frac{m+n}{2}} \Gamma\left(\frac{m+n}{2}\right)$$

と計算できる．したがって，

$$f(z) = m^{\frac{m}{2}} n^{\frac{n}{2}} \frac{\Gamma(\frac{m+n}{2})}{\Gamma(\frac{m}{2})\Gamma(\frac{n}{2})} \frac{z^{\frac{m}{2}-1}}{(mz+n)^{\frac{m+n}{2}}} = \frac{\left(\frac{m}{n}\right)^{\frac{m}{2}}}{B(\frac{m}{2}, \frac{n}{2})} z^{\frac{m}{2}-1} \left(1 + \frac{m}{n} z\right)^{-\frac{m+n}{2}}$$

となる．

2　まず，$\frac{1}{Y}$ の期待値が

$$E\left[\frac{1}{Y}\right] = \int_0^\infty \frac{1}{y} \frac{1}{\Gamma(n/2)} \left(\frac{1}{2}\right)^{n/2} y^{\frac{n}{2}-1} e^{-\frac{y}{2}}\, dy$$

$$= \frac{1}{\Gamma(n/2)} \left(\frac{1}{2}\right)^{n/2} \int_0^\infty y^{\frac{n-2}{2}-1} e^{-\frac{y}{2}}\, dy$$

$$= \frac{1}{\Gamma(n/2)} \left(\frac{1}{2}\right)^{n/2} \int_0^\infty 2^{\frac{n}{2}-2} w^{\frac{n-2}{2}-1} e^{-w} \cdot 2\, dw \quad \left(\frac{y}{2} = w\right)$$

$$= \frac{1}{2} \frac{\Gamma((n-2)/2)}{\Gamma(n/2)} = \frac{1}{2} \frac{1}{\frac{n}{2}-1} = \frac{1}{n-2}$$

となることに注意すると，

$$E[Z] = E\left[\frac{X/m}{Y/n}\right] = \frac{n}{m} E[X]\, E\left[\frac{1}{Y}\right] = \frac{n}{m} \cdot m \cdot \frac{1}{n-2} = \frac{n}{n-2}$$

と計算できる．

| 問題 | 43 | 条件付き期待値・正規分布・正規近似 | 標準 |

太郎君は健康維持のために定期的に 10 キロのランニングをしている. 給水をせずに 10 キロの走行時間（単位：分）X_0 は $N(55,1)$ に従う.（$N(\mu,\sigma^2)$ は平均 μ, 分散 σ^2 の正規分布を表す.）ただし, 太郎君は状況により最大 2 回まで給水を行いながら走ると決めている. 給水をせずに走る確率は 0.3, 1 回のみ給水を行う確率は 0.5, 2 回給水を行う確率は 0.2 とする. 1 回給水を行うごとに, W 分の時間損失が生じるとし, W は $N(0.5,0.04)$ に従うとする. ここで X_0 と W は独立とする. このとき, 以下の問いに答えよ.

(1) 太郎君が給水を行わない場合の 10 キロの走行時間 X_0 が 56 分以下である確率を求めよ.

(2) 太郎君が途中で 1 回給水を行った場合の, 10 キロの走行時間 X_1 が 56 分以下である確率を求めよ.

(3) 太郎君の 10 キロの走行時間 T の期待値を求めよ.

(4) 太郎君の 10 キロの走行時間 T の分散が 1.1585 となることを確かめよ.

(5) 太郎君が 10 回独立に 10 キロ走ったとき, 10 回の走行時間の平均 $\overline{T}$ が 56 分以下である確率を, 適当な近似を用いて計算せよ.

解説 任意の確率変数 X,W に対して, **期待値の繰り返しの公式**

$$E[X] = E[E[X \mid W]]$$

が成り立つ. この公式を適用し, $V[X] = E[X^2] - [E[X]]^2$ に注意すれば,

$$V[X] = E[E[X^2 \mid W]] - \{E[E[X \mid W]]\}^2$$

と計算できる. この公式は計算的観点から, **全分散の公式**（law of total variance）

$$V[X] = E[V[X \mid W]] + V[E[X \mid W]]$$

よりも計算が便利なときが多い.

一方, 正規分布に関して, $X \sim N(\mu,\sigma^2)$ のとき, $Z = (X-\mu)/\sigma \sim N(0,1)$ となる. また, $Y_1,\ldots,Y_n$ が平均 μ, 分散 σ^2 をもつ母集団からの無作為標本とすると, **中心極限定理**（central limit theorem）が成り立ち, $\overline{Y} = n^{-1} \sum_{i=1}^{n} Y_i$ の確率分布は $N(\mu,\sigma^2/n)$ で近似できる.

解 答

$\Phi(\cdot)$ を標準正規分布の累積分布関数とする.

(1) 条件 $X_0 \sim N(55, 1)$ により,

$$P(X_0 \leq 56) = P\left(\frac{X_0 - 55}{\sqrt{1}} \leq \frac{56 - 55}{\sqrt{1}}\right)$$

$$= P\left(\frac{X_0 - 55}{\sqrt{1}} \leq 1\right) = \Phi(1) \approx 0.841$$

(2) 1 回の給水による損失時間を W_1 とすると,$X_1 = X_0 + W_1$ なので,正規分布の再生性により,$X_1 \sim N(55 + 0.5,\ 1 + 0.04) = N(55.5, 1.04)$ となる.したがって,

$$P(X_1 \leq 56) = P\left(\frac{X_0 - 55.5}{\sqrt{1.04}} \leq \frac{56 - 55.5}{\sqrt{1.04}}\right)$$

$$= P\left(\frac{X_1 - 55.5}{\sqrt{1.04}} \leq 0.4903\right) = \Phi(0.4903) \approx 0.688$$

(3) 給水の回数を表す確率変数を A とすると,

$$P(A=0) = 0.3, \qquad P(A=1) = 0.5, \qquad P(A=2) = 0.2$$

となることに注意すると,太郎君の 10 キロの走行時間 T の期待値は,

$$E[T] = E[E[T|A]]$$
$$= E[T|A=0] \times P(A=0) + E[T|A=1] \times P(A=1) + E[T|A=2] \times P(A=2)$$
$$= 55 \times 0.3 + 55.5 \times 0.5 + 56 \times 0.2 = 55.45$$

(4) 一般に,$X \sim N(\mu, \sigma^2)$ のとき,$E[X^2] = \mu^2 + \sigma^2$ に注意すると,

$$E[T^2] = E[E[T^2|A]]$$
$$= E[T^2|A=0] \times P(A=0) + E[T^2|A=1] \times P(A=1) + E[T^2|A=2] \times P(A=2)$$
$$= (55^2 + 1) \times 0.3 + (55.5^2 + 1.04) \times 0.5 + (56^2 + 1.08) \times 0.2 = 3075.861$$

したがって,

$$V[T] = E[T^2] - [E[T]]^2 = 3075.861 - 55.45^2 \approx 1.1585$$

(5) 上の計算により,T は平均 55.45,分散 1.1585 の分布に従う.したがって,$\overline{T}$ は,平均 55.45,分散 $1.1585/10$ の分布に従う.中心極限定理を利用すれば,

$$P(\overline{T} \leq 56) = P\left(\frac{\overline{T} - 55.45}{\sqrt{1.1585/10}} \leq \frac{56 - 55.45}{\sqrt{1.1585/10}}\right) = P\left(\frac{\overline{T} - 55.45}{\sqrt{1.1585/10}} \leq 1.6159\right)$$

$$\approx \Phi(1.6159) \approx 0.945$$

Chapter 4

推測的データ解析

手元のデータとデータが説明しようとする背後にある母集団を区別することが重要である．統計学ではデータは確率変数の実現値と見なし，データは確率的な（偶然の）変動が伴う．したがって，データから構成されるパラメータの推定量も確率的な変動が伴う．この章では，一致性や不偏性，推定量の効率，標本サイズが大きくなっていくときの標本分布の性質などについて学ぶ．

$X_1, X_2, \ldots, X_n$ を正規母集団 $N(\mu, \sigma^2)$ からの大きさ n のランダム標本とする. このとき, 以下の問いに答えよ.

(1) $\overline{X} = \dfrac{1}{n} \displaystyle\sum_{i=1}^{n} X_i$ は μ の不偏推定量となることを示せ.

(2) $S^2 = \dfrac{1}{n} \displaystyle\sum_{i=1}^{n} (X_i - \overline{X})^2$ は σ^2 の不偏推定量とはならず, その偏りは $-\dfrac{\sigma^2}{n}$ となることを示せ.

(3) $U^2 = \dfrac{1}{n-1} \displaystyle\sum_{i=1}^{n} (X_i - \overline{X})^2$ は σ^2 の不偏推定量となることを示せ.

解 説　パラメータ θ の確率分布から大きさ n のランダム標本 $X_1, \ldots, X_n$ が得られたとき, ランダム標本から計算される量 $T(\boldsymbol{X}) := T(X_1, \ldots, X_n)$ を考える. このとき,

$$E[T(\boldsymbol{X})] - \theta$$

を偏り (bias) という. また, $T(\boldsymbol{X})$ が θ の推定に用いられるときに $T(\boldsymbol{X})$ は θ の推定量といい, 偏りが 0 である推定量を**不偏推定量** (unbiased estimator) という.

解 答

(1) $\overline{X}$ が μ の不偏推定量であることを示すために, $\overline{X}$ の期待値を計算する.

$$E[\overline{X}] = E\left[\frac{1}{n}\sum_{i=1}^{n} X_i\right] = \frac{1}{n}\sum_{i=1}^{n} E[X_i] \quad (\because 期待値の線形性)$$

$$= \frac{1}{n}\sum_{i=1}^{n} \mu = \frac{1}{n} n \cdot \mu = \mu$$

これより, $\overline{X}$ は μ の不偏推定量であることが示された.

(2) (1) と同様に S^2 の期待値を計算して不偏推定量であるかを確かめる.

$$E[S^2] = E\left[\frac{1}{n}\sum_{i=1}^{n}(X_i - \overline{X})^2\right] = \frac{1}{n} E\left[\sum_{i=1}^{n}\{(X_i - \mu) - (\overline{X} - \mu)\}^2\right]$$

ここで,

$$\overline{X} - \mu = \frac{1}{n}\sum_{i=1}^{n} X_i - \frac{1}{n} n \cdot \mu = \frac{1}{n}\sum_{i=1}^{n}(X_i - \mu)$$

であることに注意すると，

$$E[S^2] = \frac{1}{n}\sum_{i=1}^{n}E[(X_i-\mu)^2] - \frac{1}{n^2}E\left[\sum_{i=1}^{n}(X_i-\mu)\sum_{j=1}^{n}(X_j-\mu)\right]$$

$$= \sigma^2 - \frac{1}{n^2}E\left[\sum_{i=1}^{n}(X_i-\mu)^2\right] - \frac{1}{n^2}E\left[\sum\sum_{i\neq j}(X_i-\mu)(X_j-\mu)\right]$$

$$= \sigma^2 - \frac{1}{n^2}n\cdot\sigma^2 - \frac{1}{n^2}\sum\sum_{i\neq j}E[X_i-\mu]E[X_j-\mu]$$

$$= \sigma^2 - \frac{\sigma^2}{n}$$

となるので，S^2 は σ^2 の不偏推定量ではないことが示された．

(3) S^2 と U^2 の関係性

$$U^2 = \frac{n}{n-1}S^2$$

に注意すれば，(2) の結果より，

$$E[U^2] = E\left[\frac{n}{n-1}S^2\right] = \frac{n}{n-1}E[S^2]$$

$$= \frac{n}{n-1}\left(\sigma^2 - \frac{\sigma^2}{n}\right) = \frac{n}{n-1}\frac{n-1}{n}\sigma^2 = \sigma^2$$

となるので，U^2 は σ^2 の不偏推定量であることが示された．

| 問題 | 45 | 一致推定量 | 基本 |

$X_1, X_2, \ldots, X_n$ が期待値 μ, 分散 σ^2 をもつ確率分布からの大きさ n のランダム標本とする. このとき, 次のような推定量 T_2, T_n を考える.

$$T_2 = \frac{X_1 + X_2}{2}$$

$$T_n = \frac{1}{n}\sum_{i=1}^{n} X_i \ (= \overline{X})$$

このとき, 以下の問いに答えよ.

(1) T_2 は μ の不偏推定量であることを示せ.

(2) T_n は μ の一致推定量となることを示せ.

(3) T_2 は μ に平均二乗収束しないことを示せ.

解説　パラメータ θ をもつ確率分布から大きさ n のランダム標本 $X_1, \ldots, X_n$ が得られたとき, ランダム標本から計算される量 $T(\boldsymbol{X}) := T(X_1, \ldots, X_n)$ を考える. このとき, 任意の正数 $\varepsilon > 0$ に対して,

$$\lim_{n \to \infty} P(|T(\boldsymbol{X}) - \theta| < \varepsilon) = 1$$

となる $T(\boldsymbol{X})$ をパラメータ θ の**一致推定量**という. つまり, ランダム標本の大きさが大きくなると推定量 $T(\boldsymbol{X})$ と θ の距離が（確率的に）近くなることを意味する. このとき, $T(\boldsymbol{X}) \xrightarrow{P} \theta$ のように書く. また, このとき $T(\boldsymbol{X})$ は θ に確率収束するという.

一致推定量として最も有名なのは大数の法則として知られる "標本平均 $\overline{X}$ は母平均 μ に確率収束する" であり, これは $\overline{X}$ は μ の一致推定量であることを意味する. また, 推定量 $T(\boldsymbol{X})$ がパラメータ θ に対して,

$$\lim_{n \to \infty} E[(T(\boldsymbol{X}) - \theta)^2] = 0$$

となるときに推定量 $T(\boldsymbol{X})$ はパラメータ θ に平均二乗収束するという. 推定量 $T(\boldsymbol{X})$ がパラメータ θ に平均二乗収束するときには推定量 $T(\boldsymbol{X})$ はパラメータ θ に確率収束することも知られており, 推定量 $T(\boldsymbol{X})$ はパラメータ θ の一致推定量となるかを確かめる際に用いられることも多い. ただし, 逆は必ずしも成り立たない.

解答

(1) パラメータ μ の推定量 T_2 が不偏推定量であることを示すために, T_2 の期待値を計算する.

$$E[T_2] = E\left[\frac{X_1+X_2}{2}\right] = \frac{1}{2}(E[X_1]+E[X_2])$$
$$= \frac{1}{2}(\mu+\mu) = \mu$$

となるので，T_2 は μ の不偏推定量であることがわかる．

(2) パラメータ μ の推定量 T_n が一致推定量になることを示すために，次のチェビシェフの不等式を考える．確率変数 X について，任意の $a > 0$ に対して，

$$P(|X - E[X]| \geq a) \leq \frac{V[X]}{a^2}$$

が成立する．この式中の X を $\overline{X}$ として考えれば，

$$E[\overline{X}] = \frac{1}{n}\sum_{i=1}^{n} X_i = \mu$$
$$V[\overline{X}] = V\left[\frac{1}{n}\sum_{i=1}^{n} X_i\right]$$
$$= \frac{1}{n^2}\sum_{i=1}^{n} V[X_i] \quad (\because \text{ランダム標本のため})$$
$$= \frac{1}{n^2}\cdot n\cdot\sigma^2 = \frac{\sigma^2}{n}$$

であるから，チェビシェフの不等式より，任意の $\varepsilon > 0$ に対して，

$$P(|\overline{X} - E[\overline{X}]| \geq \varepsilon) \leq \frac{V[\overline{X}]}{\varepsilon^2}$$
$$\iff \quad P(|\overline{X} - \mu| \geq \varepsilon) \leq \frac{\sigma^2}{n\varepsilon^2} \to 0 \ (n \to \infty)$$

が成り立つ．よって，$\overline{X}$ は μ の一致推定量である．

(3) 平均二乗収束するかを調べるために，以下を調べる．

$$E[(T_2-\mu)^2] = E\left[\frac{1}{2^2}\{(X_1-\mu)+(X_2-\mu)\}^2\right]$$
$$= \frac{1}{4}\{E[(X_1-\mu)^2]+E[(X_2-\mu)^2]+2E[X_1-\mu]E[X_2-\mu]\}$$
$$= \frac{1}{4}(\sigma^2+\sigma^2) = \frac{\sigma^2}{2}$$

この値はサンプルサイズ n が大きくなっても変化しない．つまり，平均二乗収束はしないことがわかる．

問題	46	最尤推定量	基本

　平均 μ，分散 σ^2 の正規分布からの大きさ n のサンプルが得られたときの最尤推定量を求めよ．

解 説　確率関数（確率密度関数）$f_X(x;\boldsymbol{\theta})$ $(\boldsymbol{\theta}=(\theta_1,\ldots,\theta_k))$ をもつ母集団から得られた大きさ n の標本 $X_1,\ldots,X_n$ に対して，

$$L(\boldsymbol{\theta}):=f_X(x_1;\boldsymbol{\theta})\times f_X(x_2;\boldsymbol{\theta})\times\cdots\times f_X(x_n;\boldsymbol{\theta})=\prod_{i=1}^{n}f_X(x_i;\boldsymbol{\theta})$$

を尤度関数という．標本に関する関数としてみるときは $X_1=x_1,\ldots,X_n=x_n$ が同時に得られる確率のようなイメージの関数（同時確率関数または同時確率密度関数という）をあえてパラメータ $\boldsymbol{\theta}$ の関数とみることが尤度関数の特徴である．最尤推定量は尤度関数を最大にする推定量のことである．もともとが確率を表現する関数であることから最も尤もらしい推定量という意味で最尤推定量と呼ばれる．すなわち，

$$\arg\max_{\boldsymbol{\theta}} L(\boldsymbol{\theta})$$

である．よって，多変数関数の偏微分の力を借りれば，

$$\frac{\partial}{\partial\boldsymbol{\theta}}L(\boldsymbol{\theta})=0$$

を満たす $\boldsymbol{\theta}$ が最尤推定量の候補となる．しかし，一般に尤度関数は複雑になるため，対数をとった

$$\ell(\boldsymbol{\theta}):=\log L(\boldsymbol{\theta})$$

を考えることが多い．$\ell(\boldsymbol{\theta})$ を対数尤度関数という．対数関数は狭義単調関数であることから，対数尤度関数を最大にする値は尤度関数も最大にすることがわかる．つまり，最尤推定量を求めるためには対数尤度関数の最大化問題を解くことで十分である．対数を考えることで尤度関数の複雑さは多少緩和されることも多いため，この考え方はとても有用である．

解 答

尤度関数は正規分布の確率密度関数より，

$$L(\mu, \sigma^2) = \frac{1}{\sqrt{2\pi\sigma^2}} \exp\left[-\frac{(x_1-\mu)^2}{2\sigma^2}\right] \cdots \frac{1}{\sqrt{2\pi\sigma^2}} \exp\left[-\frac{(x_n-\mu)^2}{2\sigma^2}\right]$$

$$= (2\pi\sigma^2)^{-\frac{n}{2}} \exp\left[-\frac{1}{2\sigma^2} \sum_{i=1}^{n} (x_i-\mu)^2\right]$$

となる．これより，対数尤度関数は

$$\ell(\mu, \sigma^2) = -\frac{n}{2}\log(2\pi\sigma^2) - \frac{1}{2\sigma^2}\sum_{i=1}^{n}(x_i-\mu)^2$$

なので，尤度方程式は連立方程式

$$\frac{\partial \ell(\mu, \sigma^2)}{\partial \mu} = \frac{1}{\sigma^2}\sum_{i=1}^{n}(x_i-\mu) = 0$$

$$\frac{\partial \ell(\mu, \sigma^2)}{\partial \sigma^2} = -\frac{n}{2\sigma^2} + \frac{1}{2(\sigma^2)^2}\sum_{i=1}^{n}(x_i-\mu)^2 = 0$$

となる．

$$\widehat{\mu} = \frac{1}{n}\sum_{i=1}^{n} x_i = \overline{x}$$

であり，

$$\widehat{\sigma}^2 = \frac{1}{n}\sum_{i=1}^{n}(x_i-\overline{x})^2 = S^2$$

である．よって，正規分布のパラメータ μ, σ^2 の最尤推定量は $\overline{X}, S^2$ となる．

問題	47	モーメント推定量	基本

$X_1, X_2, \ldots, X_n$ を k 次積率 $E[X^k] < \infty$, $k \in \mathbb{N}$ をもつ確率分布からのランダム標本とする. このとき, 以下の問いに答えよ.

(1) k 次積率 $E[X^k]$ のモーメント法推定量を求めよ.

(2) (1) の推定量が $E[X^k]$ の不偏推定量となることを示せ.

(3) $\{E[X]\}^2 + \dfrac{E[X^2]}{2}$ のモーメント法推定量を求めよ.

解説　パラメータ θ をもつ確率分布から大きさ n のランダム標本 $X_1, \ldots, X_n$ が得られたとする. また, 母集団確率分布の k 次積率を $\mu_k (= E[X^k])$ とし, k 次の標本積率を $M_k (= \dfrac{1}{n} \sum_{i=1}^{n} X_i^k)$ とするとき,

$$f(\theta) = h(\mu_1, \mu_2, \ldots, \mu_k)$$

を推定したいパラメータとすれば,

$$T(\boldsymbol{X}) = h(M_1, M_2, \ldots, M_k)$$

を $f(\theta)$ のモーメント推定量という.

さらに, $f(\mu_1, \ldots, \mu_k)$ が連続関数ならば, そのモーメント推定量 $T(\boldsymbol{X})$ は $f(\mu_1, \ldots, \mu_k)$ の一致推定量となることが知られている. つまり, $T(\boldsymbol{X}) \xrightarrow{P} f(\mu_1, \ldots, \mu_k)$ である.

これは大数の法則から成立することが確認できる.

このことから, モーメント推定は比較的容易に用いることができる推定法であるだけでなく, ある程度の妥当性を持つ推定法となっていることがわかる.

また, $f(\mu_1, \ldots, \mu_k)$ がある適当な条件を満たすときに, このモーメント推定量 $T(\boldsymbol{X})$ は近似的に正規分布に従うことも知られている. これは漸近正規性と呼ばれる性質である. これより, 後に説明する区間推定を行うこともできる.

この漸近正規性は, 先に出てきた最尤推定量にもこの性質がある.

解 答

(1) これは

$$h(\mu_1, \mu_2, \ldots, \mu_k) = \mu_k$$

という場合なので，そのモーメント推定量は

$$h(M_1, M_2, \ldots, M_k) = M_k$$

である．よって，モーメント推定量は

$$M_k = \frac{1}{n} \sum_{i=1}^{n} X_i^k$$

となる．

(2) M_k の期待値を求める．

$$E\left[\frac{1}{n} \sum_{i=1}^{n} X_i^k\right] = \frac{1}{n} \sum_{i=1}^{n} E[X_i^k] = \frac{1}{n} \sum_{i=1}^{n} \mu_k = \frac{1}{n} n \cdot \mu_k = \mu_k$$

となるので，M_k は μ_k の不偏推定量である．

(3) これは

$$h(\mu_1, \mu_2, \ldots, \mu_k) = \mu_1^2 + \frac{\mu_2}{2}$$

という場合なので，そのモーメント推定量は

$$h(M_1, M_2, \ldots, M_k) = M_1^2 + \frac{M_2}{2}$$

である．よって，モーメント推定量は

$$M_1^2 + \frac{M_2}{2} = \left(\frac{1}{n} \sum_{i=1}^{n} X_i\right)^2 + \frac{1}{2n} \sum_{i=1}^{n} X_i^2$$

となる．

| 問題 | 48 | 効率と有効推定量 | 基本 |

$\boldsymbol{X} = (X_1, X_2, \ldots, X_n)$ をパラメータ p $(0 < p < 1)$ のベルヌーイ分布からのランダム標本とする．このとき，以下の問いに答えよ．

(1) Fisher 情報量 $I_n(p)$ を求めよ．

(2) 標本平均 $\overline{X}$ の分散を求めよ．

(3) $\overline{X}$ は p の有効推定量といえるか説明せよ．

解説　$f(\boldsymbol{x}; \theta)$ を $\boldsymbol{X} = (X_1, \ldots, X_n)$ の同時確率（密度）関数とすると，**Fisher 情報量** $I_n(\theta)$ は

$$I_n(\theta) = E\left[\left(\frac{\partial}{\partial \theta} \log f(\boldsymbol{X}; \theta)\right)^2\right]$$

で定義される．適当な条件下では

$$E\left[\left(\frac{\partial}{\partial \theta} \log f(\boldsymbol{X}; \theta)\right)^2\right] = -E\left[\frac{\partial^2}{\partial \theta^2} \log f(\boldsymbol{X}; \theta)\right]$$

が成り立つので $I_n(\theta)$ はこの式で求めてもよい．また，$X_1, X_2, \ldots, X_n$ がランダム標本であれば，

$$\begin{aligned}
I_n(\theta) &= E\left[\left(\frac{\partial}{\partial \theta} \log f(\boldsymbol{X}; \theta)\right)^2\right] \\
&= E\left[\left(\frac{\partial}{\partial \theta} \log \prod_{i=1}^{n} f(X_i; \theta)\right)^2\right] \\
&= E\left[\left(\sum_{i=1}^{n} \frac{\partial}{\partial \theta} \log f(X_i; \theta)\right)^2\right] \\
&= \sum_{i=1}^{n} E\left[\left(\frac{\partial}{\partial \theta} \log f(X_i; \theta)\right)^2\right] \\
&= \sum_{i=1}^{n} I_1(\theta) = n I_1(\theta)
\end{aligned}$$

として求めることもできる．

さらに，θ の不偏推定量を $T(\boldsymbol{X}) = T(X_1, \ldots, X_n)$ としたとき，$T(\boldsymbol{X})$ の分散 $V[T(\boldsymbol{X})]$ と Fisher 情報量 $I_n(\theta)$ を用いて定義される

$$\mathit{eff}_\theta(T(\boldsymbol{X})) = \frac{1}{I_n(\theta) V[T(\boldsymbol{X})]}$$

は**不偏推定量** $T(\boldsymbol{X})$ の**効率** (efficiency) と呼ばれる．効率が 1，すなわち，$\mathit{eff}_\theta(T(\boldsymbol{X})) = 1$ ならば，不偏推定量 $T(\boldsymbol{X})$ は θ の**有効推定量** (efficiency estimator) と呼ばれる．

解 答

(1) 確率変数 X がパラメータ p のベルヌーイ分布に従うのならば，その確率関数 $f_X(x)$ は，

$$f_X(x) = \begin{cases} p^x(1-p)^{1-x} & x = 0, 1 \\ 0 & その他 \end{cases}$$

このとき，X の期待値，分散は

$$E[X] = p$$
$$V[X] = p(1-p)$$

であることに注意する．

$$\begin{aligned} I_1(p) &= -E\left[\frac{\partial^2}{\partial p^2} \log f_X(x; p)\right] \\ &= -E\left[-\frac{x}{p^2} - \frac{1-x}{(1-p)^2}\right] \\ &= \frac{1}{p} + \frac{1}{1-p} = \frac{1}{p(1-p)} \end{aligned}$$

となる．よって，Fisher 情報量は

$$I_n(p) = nI_1(p) = \frac{n}{p(1-p)}$$

(2) 各 X_i の分散 $Var(X_i) = p(1-p)$ であることに注意して，

$$\begin{aligned} V[\overline{X}] &= \frac{1}{n^2} \sum_{i=1}^{n} V[X_i] \\ &= \frac{1}{n^2} \sum_{i=1}^{n} p(1-p) = \frac{p(1-p)}{n} \end{aligned}$$

(3) (1),(2) より，

$$I_n(p) \times V[\overline{X}] = \frac{n}{p(1-p)} \frac{p(1-p)}{n} = 1$$

となるので，効率が 1 となる．よって，$\overline{X}$ は p の有効推定量となる．

| 問題 | 49 | クラメール・ラオの不等式と UMVUE | 標準 |

$\boldsymbol{X} = (X_1, X_2, \ldots, X_n)$ を正規母集団 $N(\mu, \sigma^2)$ からの大きさ n のランダム標本とする．このとき，以下の問いに答えよ．

(1) μ の不偏推定量 $T(\boldsymbol{X})$ の分散について下限を求めよ．

(2) $\dfrac{\mu^2}{2}$ の不偏推定量 $S(\boldsymbol{X})$ の分散について下限を求めよ．

(3) $\overline{X}$ は μ の UMVUE であることを示せ．

解 説　パラメータ θ をもつ同時確率分布の同時確率密度関数を $f(\boldsymbol{x}; \theta)$，$\boldsymbol{X} = (X_1, \ldots, X_n)$ とする．このとき，適当な条件の下で，$T(\boldsymbol{X})$ が $g(\theta)$ の不偏推定量とするとき，

$$V[T(\boldsymbol{X})] \geq \frac{\left[\frac{\partial}{\partial \theta} g(\theta) \right]^2}{I_n(\theta)}$$

が成り立つ．この不等式を**クラメール・ラオの不等式**と呼ぶ．ここに，

$$I_n(\theta) = E\left[\left(\frac{\partial}{\partial \theta} \log f(\boldsymbol{X}; \theta) \right)^2 \right]$$

は前問で紹介したように Fisher 情報量と呼ばれる．

特に，$g(\theta) = \theta$ のとき，つまり，$T(\boldsymbol{X})$ が θ の不偏推定量ならば，

$$\frac{\partial}{\partial \theta} g(\theta) = 1$$

なので，

$$V[T(\boldsymbol{X})] \geq \{I_n(\theta)\}^{-1}$$

となる．

複数個ある推定量の中で良し悪しを考えることもある．そのときには次のように推定量とパラメータの近さを測る尺度を考える必要がある．

$$MSE(T(\boldsymbol{X}, \theta)) = E[(T(\boldsymbol{X}) - \theta)^2]$$

これを平均二乗誤差 (Mean Squared Error, M.S.E.) といい，推定量 $T(\boldsymbol{X})$ とパラメータ θ の距離を期待値の意味で測っていると解釈できるため，この値が小さい推定量ほどパラメータに近いことが期待される．その意味で良い推定量であるといえる．MSE は以下のように変形できる（$T := T(\boldsymbol{X})$ とした）．

$$MSE(T, \theta) = E[(T - \theta)^2] = E[\{(T - E[T]) + (E[T] - \theta)\}^2]$$
$$= V[T] + \{E[T] - \theta\}^2$$

ここで，$T(\boldsymbol{X})$ が θ の不偏推定量ならば，$E[T]=\theta$ となるので，

$$MSE(T,\theta)=V[T]$$

である．よって，不偏推定量の中で良い推定量を見つけるのであれば，不偏推定量の分散で評価すれば，それが最も良い不偏推定量と考えることもできる．つまり，不偏推定量の中で分散が最小の不偏推定量 T を θ の**一様最小分散不偏推定量** (Uniformly Minimum Variance Unbiased Estimator, UMVUE) という．一般に UMVUE を見つけることは難しいが，いくつか見つける方法がある中で，先のクラメール・ラオの不等式において等号が成立する不偏推定量は UMVUE となることが知られている．

解 答

(1) Fisher 情報量 $I_n(\mu)$ を求めるために $I_1(\mu)$ を求める．

$$I_1(\mu)=E\left[\frac{\partial^2}{\partial\mu^2}\log f(X;\mu)\right]$$
$$=\frac{1}{\sigma^2}$$

となるから，

$$I_n(\mu)=\frac{n}{\sigma^2}$$

と求められる．よって，

$$V[T(\boldsymbol{X})]\geq\frac{\sigma^2}{n}$$

となる．

(2) $\left(\dfrac{\mu^2}{2}\right)'=\mu$ と，クラメール・ラオの不等式から，

$$V[S(\boldsymbol{X})]\geq\frac{\mu^2\sigma^2}{n}$$

となる．

(3) $V[\overline{X}]=\dfrac{\sigma^2}{n}$ となるので，(1) のクラメール・ラオの不等式の下限と一致する．よって，$\overline{X}$ は μ の UMVUE である．

| 問題 | 50 | 正規分布からのランダム標本 | 基本 |

$X_1, X_2, \ldots, X_{25}$ を正規母集団 $N(10, 4^2)$ からの大きさ 25 のランダム標本とする．このとき，以下の確率を求めよ．確率が与えられている場合は，その確率になるような定数 c の値を求めよ．

(1)　$P(X_3 < 10)$　　　(2)　$P(X_2 > 4)$　　　(3)　$P(6 < X_5 < 14)$

(4)　$P(\overline{X} < 10)$　　　(5)　$P(|\overline{X} - 10| < 1.6)$

(6)　$P(\overline{X} < c) = 0.95$　　(7)　$P(|\overline{X} - 10| > c) = 0.05$

解説　確率変数 X がパラメータ μ, σ^2 の正規分布に従うとき，以下の変換

$$Z = \frac{X - \mu}{\sigma}$$

を考えると，変換後の確率変数 Z は平均 0，分散 1 の正規分布，すなわち，標準正規分布に従うことが知られている．この変換を一般に標準化 (standardized) という．このことより，正規分布に従うと考えられる事象の確率は標準正規分布の確率密度関数を積分することにより，求めることが可能である．正規分布のパラメータ μ は分布の中心 (location) を表しており，σ^2 は分布の広がり具合 (scale) を表している．

さらに $X_1, X_2, \ldots, X_n$ がそれぞれ独立に $N(\mu_i, \sigma_i^2)$ $(i = 1, 2, \ldots, n)$ に従うとする．このとき，$a_1, a_2, \ldots, a_n, b$ を定数とすると，

$$Y = a_1 X_1 + a_2 X_2 + \cdots + a_n X_n + b$$

はパラメータ $a_1\mu_1 + a_2\mu_2 + \cdots + a_n\mu_n + b$, $a_1^2\sigma_1^2 + a_2^2\sigma_2^2 + \cdots + a_n^2\sigma_n^2$ の正規分布に従う．このことを用いると，$\overline{X} = \dfrac{1}{n}\sum_{i=1}^{n} X_i$ は上記の

$$a_1 = a_2 = \cdots = a_n = \frac{1}{n}$$
$$b = 0$$

の場合と捉えられるので，

$$\overline{X} \sim N\left(\mu, \frac{\sigma^2}{n}\right)$$

となることがわかる．式中の "$\sim$" は確率変数がある分布に従う場合に用いる記号である．実際に $N(0, 1)$ の確率密度関数を用いて確率を求めるためには，積分の計算が手では行えないため，数表を用いて計算する．

解 答

(1) 標準化をしてから確率を求める.
$$P(X_3 < 10) = P\left(\frac{X_3 - 10}{4} < \frac{10 - 10}{4}\right) = P(Z < 0) = 0.5$$

(2) 同様に求めるが数表の値 (標準正規分布の分布関数の値) を使えるように以下のように変形しながら求めていく.
$$P(X_2 > 4) = P\left(Z > \frac{4 - 10}{4}\right)$$
$$= P(Z > -1.5) = P(Z < 1.5) = 0.933$$

マイナスの部分の変形は標準正規分布が 0 を中心に左右対称である性質を利用した.

(3) 同様に,
$$P(6 < X_5 < 14) = P(-1 < Z < 1) = P(Z < 1) - P(Z \leq -1)$$
$$= P(Z < 1) - P(Z \geq 1) = P(Z < 1) - \{1 - P(Z < 1)\}$$
$$= 2P(Z < 1) - 1 = 2 \times 0.841 - 1 = 0.682$$

として求められる.

(4) $\overline{X}$ は $N(10, 4^2/25)$ に従うことに注意すれば,
$$P(\overline{X} < 10) = P\left(Z < \frac{5}{4}(10 - 10)\right) = P(Z < 0) = 0.5$$

となる.

(5) 絶対値に注意して,
$$P(|\overline{X} - 10| < 1.6) = P\left(\frac{5}{4}|\overline{X} - 10| < \frac{5}{4} \times 1.6\right)$$
$$= P(|Z| < 2) = P(-2 < Z < 2)$$
$$= 2P(Z < 2) - 1 = 0.954$$

として求められる.

(6) $c' = 5(c - 10)/4$ として,
$$P(\overline{X} < c) = P(Z < c') = 0.95$$

を満たす c' を求めると $c' = 1.64$ 辺りになる. よって, $c = 11.312$ となる.

(7) $c' = 5c/4$ として,
$$P(|\overline{X} - 10| > c) = P(|Z| > c') = P(Z < -c') + P(Z > c')$$
$$= 2P(Z > c') = 0.05$$

となるので,
$$P(Z \leq c') = 0.975$$

であるから, $c' = 1.96$ となり, $c = 1.568$ と求められる.

$X_1, X_2, \ldots, X_{10}$ は正規分布 $N(8, 5^2)$ からの大きさ 10 のランダム標本とする. このとき，以下の問いに答えよ.

(1) 標本分散 S^2 について $P(S^2 < c) = 0.025$ となる c を求めよ.

(2) 仮に分散が未知であるとする．このとき，未知の分散の代わりに不偏標本分散 U^2 を用いて推定することが多い．$U^2 = 14$ のとき，$P(\overline{X} < a) = 0.95$ となる a を求めよ.

解説　平均 0，分散 1 の正規分布（標準正規分布）に従う確率変数を Z_1 とすると，

$$X_1 := Z_1^2$$

なる確率変数 X_1 は自由度 1 のカイ 2 乗分布に従う．また，標準正規分布からの大きさ n のランダム標本を $Z_1, \ldots, Z_n$ とすると，

$$X_n := Z_1^2 + Z_2^2 + \cdots + Z_n^2$$

なる確率変数 X_n は自由度 n のカイ 2 乗分布に従うことが知られている．ランダム標本のため，$Z_1, \ldots, Z_n$ は互いに独立であることに注意する．ここで出てくるカイ 2 乗分布の自由度とは自由に動ける変数という意味があり，$Z_1, \ldots, Z_n$ が互いに独立であるため，これら n 個の変数は干渉しあったりせずに自由な値をとることができる．つまり，自由に動ける変数が n 個あるため，自由度が n と解釈できる．このことより，$Y_1, Y_2, \ldots, Y_n$ が互いに独立に $N(\mu, \sigma^2)$ に従うのならば，

$$X_n = \frac{(Y_1 - \mu)^2}{\sigma^2} + \frac{(Y_2 - \mu)^2}{\sigma^2} + \cdots + \frac{(Y_n - \mu)^2}{\sigma^2}$$

は自由度 n のカイ 2 乗分布に従うことがわかる．また，ここでは標準化の際に μ を用いたが，μ の代わりに μ の推定量 $\overline{Y}$ を使った

$$\frac{(Y_1 - \overline{Y})^2}{\sigma^2} + \frac{(Y_2 - \overline{Y})^2}{\sigma^2} + \cdots + \frac{(Y_n - \overline{Y})^2}{\sigma^2} = \sum_{i=1}^{n} \frac{(Y_i - \overline{Y})^2}{\sigma^2}$$

は自由度 $n-1$ のカイ 2 乗分布に従うことも知られている．自由度のみ 1 下がっていることに注意されたい.

さらに X_n とは独立な標準正規分布に従う確率変数を Z とすると，

$$t := \frac{Z}{\sqrt{X_n/n}}$$

なる確率変数 t は自由度 n の t 分布に従う．t 分布は平均の区間推定や検定などでよく用いられることで有名だが，回帰係数の従う分布としても用いられる.

解　答

(1) 標本分散は

$$S^2 = \frac{1}{10} \sum_{i=1}^{10} (X_i - \overline{X})^2$$

であるので,

$$Y := \frac{10S^2}{5^2} = \sum_{i=1}^{10} \frac{(X_i - \overline{X})^2}{5^2}$$

は自由度 9 の χ^2 分布に従う. よって,

$$P(S^2 < 5) = P\left(Y < \frac{10 \times c}{5^2}\right) = P(Y < c') = 0.025$$

をみたす c' を自由度 9 の χ^2 分布の数表から読み取ればよい.

$$c' = 2.70 \iff c = 6.75$$

今回は平均 μ が既知である設定なので, $\overline{X}$ の代わりに μ を利用してもよい. その場合は自由度が 10 となる点にのみ注意する.

(2) 標本平均 $\overline{X}$ を標準化する (未知の分散を σ^2 とする) と,

$$\frac{\overline{X} - 8}{\sigma/\sqrt{10}}$$

である. また, (1) より,

$$\frac{9U^2}{\sigma^2}$$

は自由度 9 の χ^2 分布に従うことがわかる. このことより, t 分布の定義に注意すれば,

$$\frac{\overline{X} - 8}{\sigma/\sqrt{10}} \bigg/ \sqrt{\frac{9U^2}{9 \times \sigma^2}} = \frac{\overline{X} - 8}{\sqrt{U^2/10}}$$

が自由度 $n-1$ の t 分布になることが示される. このことから, $U^2 = 14$ を用いて,

$$P(\overline{X} < a) = P\left(\frac{\overline{X} - 8}{\sqrt{14/10}} < \frac{a - 8}{\sqrt{14/10}}\right) = P(t < a') = 0.95$$

となる a' を自由度 9 の t 分布の数表から読み取ればよい.

$$a' = 1.833 \iff a = 11.666$$

| 問題 | 52 | 中心極限定理 | 基本 |

$X_1, X_2, \ldots, X_{50}$ が次の確率密度関数

$$f_X(x) = \begin{cases} e^{-x} & x > 0 \\ 0 & \text{その他} \end{cases}$$

をもつ確率分布からの大きさ 50 のランダム標本とする．このとき，

$$P(0.7 \leq \overline{X} \leq 1.3)$$

を中心極限定理を用いて求めよ．

解説　確率変数の列 $X_1, X_2, \ldots$ を考える．F_n $(n = 1, 2, \ldots)$ を X_n の分布関数とし，F_X を確率変数 X の分布関数とする．このとき，F_X が連続であるすべての点 x において，

$$\lim_{n \to \infty} F_n(x) = F_X(x)$$

となるならば，確率変数の列 X_n は X に法則収束（または分布収束）するといい，$X_n \overset{L}{\to} X$ や $X_n \overset{d}{\to} X$ などと書く．また，このときの X の確率分布を X_n の**漸近分布**という．

　このことより，X_n が X に法則収束するのであれば，n が十分に大きいとき，$F_n(x) = P(X_n \leq x)$ について，$F_X(x) = P(X \leq x)$ で近似することができるということである．つまり，X_n の分布が複雑で正確に確率の計算をすることが困難であっても X の確率計算が比較的容易であれば，X_n の確率を X の確率で近似することが可能となることを意味している．

　法則収束の有名なものとして，以下の**中心極限定理**がある．$X_1, X_2, \ldots, X_n$ が期待値 μ，分散 σ^2 をもつ確率分布からの大きさ n のランダム標本とする．このとき，

$$\frac{\sqrt{n}(\overline{X} - \mu)}{\sigma}$$

を考えるとこれは $n \to \infty$ のとき，標準正規分布 $N(0, 1)$ に法則収束する．

　つまり，中心極限定理によれば，ランダム標本の得られる分布がどのような確率分布であっても標本平均 $\overline{X}$ は，期待値 μ，分散 σ^2/n の正規分布で近似できることを意味している．この近似精度がどの程度なのかについてはランダム標本が得られる確率分布の種類や標本の大きさに依存するため，一概にどうとは言えないことに注意されたい．

　また，元の確率分布が正規分布であるならば，標本の大きさによらず $\overline{X}$ は正確に期待値 μ，分散 σ^2/n の正規分布に従う．

解答

確率変数 X の積率母関数 $m_X(t)$ を求めると，

$$m_X(t) = \frac{1}{1-t} \qquad (t < 1)$$

となる．これはパラメータ 1 の指数分布と呼ばれる確率分布の積率母関数である．これより，標本平均 $\overline{X}$ の積率母関数を求めると，

$$
\begin{aligned}
m_{\overline{X}}(t) &= E\left[e^{t\overline{X}}\right] = E\left[\exp\left[t\frac{1}{n}\sum_{i=1}^{n}X_i\right]\right] \\
&= E\left[\exp\left[\frac{t}{n}X_1\right]\cdot\exp\left[\frac{t}{n}X_2\right]\cdots\exp\left[\frac{t}{n}X_n\right]\right] \\
&= \left(\frac{1}{1-t/n}\right)^n = \left(\frac{n}{n-t}\right)^n
\end{aligned}
$$

となる．これはパラメータ n, n のガンマ分布の積率母関数と一致する．今は標本の大きさ $n = 50$ なので，パラメータ $50, 50$ のガンマ分布の確率密度関数は

$$\frac{50^{50}}{\Gamma(50)}x^{49}e^{-50y}$$

であるので，これを 0.5 から 1.5 まで定積分すれば確率が求まる．この計算を手で行うのは現実的ではないので実際には計算機などを使うことになるが，先の中心極限定理を用いれば，$\overline{X}$ は，期待値 μ，分散 $\sigma^2/50$ の正規分布で近似できるので，以下のように近似確率を求めればよい．確率変数 X の確率密度関数から期待値と分散を求めると，

$$
\begin{aligned}
E[X] &= \int_0^\infty xe^{-x}dx = \left[-xe^{-x}\right]_0^\infty + \int_0^\infty e^{-x}dx = \left[-e^{-x}\right]_0^\infty = 1 \\
E[X^2] &= \int_0^\infty xe^{-x}dx = \left[-xe^{-x}\right]_0^\infty + 2\int_0^\infty xe^{-x}dx = 2 \\
V[X] &= E[X^2] - \{E[X]\}^2 = 2 - 1^2 = 1
\end{aligned}
$$

となるので，$\mu = 1$，$\sigma^2 = 1$ として，標準正規分布に従う確率変数を Z と書くことにすれば，

$$
\begin{aligned}
&P(0.7 \le \overline{X} \le 1.3) \\
&= P(\sqrt{50}(0.7-1) \le Z \le \sqrt{50}(1.3-1)) \\
&= P(-2.12 \le Z \le 2.12) = 0.983 - 0.017 = 0.966
\end{aligned}
$$

として求めることができる．

| 問題 | 53 | 二項分布の再生性・二項分布のポアソン近似 | 標準 |

　ある工場で毎日非常に多くの同種類の部品を生産している．これまでの経験によると，部品が不良となる確率は 1% という．ただし，部品は製造の工程で不良品となるかどうかは独立であると仮定する．

(1) ある日この工場で作られた部品から 100 個の部品を抽出したとき，この中に含まれる不良品の数 X はどのような分布に従うかを，理由と共に述べよ．

(2) X はどのような分布で近似できるかを，理由と共に述べよ．また，X の近似分布を用いて $P(X=0)$ および $P(X>2)$ の値を求めよ．（平均 λ のポアソン分布の確率関数は，$P(X=k) = \lambda^k e^{-\lambda}/k!$ で，ネピア数 $e \approx 2.718$ である．必要があればこれらの式を用いてよい．）

(3) 別の日にこの工場で作られた部品から 200 個の部品を抽出し，この中に含まれる不良品の数を Y とする．この 2 回における不良品の総数 Z はどのような分布に従うかを，理由と共に述べよ．

(4) Z の近似分布を用いて，$P(Z=4)$ の値を求めよ．さらに，X, Y および Z の近似分布を用いて，条件付き確率 $P(X=2|Z=4)$ の値を求めよ．

解説　(1) 二項分布は**再生性**を持つ．すなわち，X_1, X_2 が独立で，

$$X_1 \sim Bi(n_1, \theta), \qquad X_2 \sim Bi(n_2, \theta)$$

ならば，

$$X_1 + X_2 \sim Bi(n_1 + n_2, \theta)$$

となる．この事実は積率母関数を計算することにより確かめることができる．正規分布とポアソン分布についても再生性をもつことが知られている．

(2) 大量の観測における珍しい現象の起きる回数 X は近似的にポアソン分布に従う．すなわち，$X \sim Bi(n, p)$ のとき，観測回数 n が大きく，現象の起きる確率 p が小さく，また期待値 $\theta = np$ が一定であれば，

$$P(X=x) = \binom{n}{x} p^x (1-p)^{n-x} \approx e^{-\theta} \frac{\theta^x}{x!}$$

解答

(1) それぞれの部品が不良となることが独立なので，X は $n = 100$ 個の独立な「成功」確率が $p = 1\%$ のベルヌーイ変数の和となる．したがって，X は二項分布 $Bi(n, p)$ に従う $(n = 100,\ p = 1\%)$．

(2)　X は二項分布 $Bi(n,p)$ に従い，また $n=100$ が大きく，$p=1\%$ が小さいので，X は平均 $\lambda = np = 1$ のポアソン分布 $P(\lambda)$ で近似であることが知られている．

$W \sim P(\lambda)$ のとき，

$$P(W=k) = \frac{\lambda^k e^{-\lambda}}{k!}$$

に注意すると，次のような近似計算ができる．

$$P(X=0) \approx \frac{1^0 e^{-1}}{0!} = 1/e \approx 0.368$$

$$P(X=1) \approx \frac{1^1 e^{-1}}{1!} = 1/e$$

$$P(X=2) \approx \frac{1^2 e^{-1}}{2!} = 1/(2e)$$

$$P(X>2) \approx 1 - P(X=0) - P(X=1) - P(X=2) = 1 - \frac{5}{2e} \approx 0.080$$

(3)　上と同じ理由で，$Y \sim Bi(200, 1\%)$ である．X と Y が独立であり，二項分布の再生性から，$Z \sim Bi(300, 1\%)$ である．

（あるいは，Z は，300 個の独立な「成功」確率が 1% のベルヌーイ変数の和となることから，$Z \sim Bi(300, 1\%)$ となる．）

(4)　Z は平均 $300 \times 1\% = 3$ のポアソン分布に近似できることから，

$$P(Z=4) \approx \frac{3^4 e^{-3}}{4!} = \frac{81}{24e^3} \approx 0.168$$

X, Y, Z がポアソン分布に従う確率変数と見なし，また X, Y が独立であることに注意すると，条件付き確率は次のように計算できる．

$$\begin{aligned} P(X=2|Z=4) &= \frac{P(X=2,\ Z=4)}{P(Z=4)} \\ &= \frac{P(X=2,\ Y=2)}{P(Z=4)} \\ &= \frac{P(X=2)P(Y=2)}{P(Z=4)} \\ &\approx \frac{\dfrac{1}{2e} \dfrac{2^2 e^{-2}}{2!}}{\dfrac{81}{24e^3}} = \frac{8}{27} \approx 0.296 \end{aligned}$$

Chapter 5

推定，仮説検定

母集団の特徴を正規分布のような確率分布で記述し，さ
らに母集団の性質を確率分布に含まれるパラメータ（母
数）で記述するというアプローチをパラメトリック推測
という．このときに確率分布の仮定が本質的に重要であ
る．データを用いてパラメータを推測するには，点推定，
区間推定，仮説検定の方式が伝統的に採用される．この
章ではパラメトリック推測について学ぶ．

| 問題 | 54 | 母比率の区間推定 | 基本 |

次の表は Y 大学のある講義での講義満足度を 5 段階評価で 200 名の学生に評価してもらった結果をまとめたものである．

	満足	やや満足	どちらでもない	やや不満	不満
割合 (%)	45.5	37.0	6.0	8.5	3.0

このとき，「不満」の母比率の 95% 信頼区間を求めよ．

解説　調査人数を n とする．このとき，**母比率 p の区間推定**は推定量を $\widehat{p} = \dfrac{\text{該当人数}}{n}$ とすると，$n\widehat{p}$ はパラメータ n, p の二項分布 $B_i(n, p)$ に従う．$B_i(n, p)$ に従う確率変数 X の期待値と分散は

$$E[X] = np$$
$$V[X] = np(1-p)$$

であるから，先の中心極限定理より，

$$\frac{n\widehat{p} - np}{\sqrt{np(1-p)}}$$

は n が十分に大きいときに標準正規分布に従う．

この事実を用いれば，

$$P\left(a \leq \frac{n\widehat{p} - np}{\sqrt{np(1-p)}} \leq b \right) = 1 - \alpha$$

となる a, b を正規分布の確率から求めることで信頼係数 $100(1-\alpha)\%$ の p の信頼区間を作ることができる．実際に求めようとすると，この a, b の候補は無数に存在することがわかる．その中でも信頼区間は同じ確率であればなるべく区間の幅が狭い方が推定として望ましいとされているため，無数に存在する候補の中で最も幅が短いものを選ぶと，

$$a = -z_{\frac{\alpha}{2}}, \qquad b = z_{\frac{\alpha}{2}}$$

となることが示される．ここに，$z_{\frac{\alpha}{2}}$ は標準正規分布の上側 $100\alpha/2\%$ 点を表す．つまり，信頼係数を 95% とすれば，$\alpha = 0.05$ なので，およそ $z_{\frac{\alpha}{2}} = 1.96$ となることがわかる．また，90% なら $z_{\frac{\alpha}{2}}$ はおよそ 1.645，99% なら $z_{\frac{\alpha}{2}}$ はおよそ 2.58 となることもわかる．

これにより，あとは連立不等式を解き，p についての区間を構成すればよいが，分母にある p の影響でこの連立不等式は解けない．そこで分母の p を $\widehat{p}$ に置き換えて連立不等式を解けばよい．このとき，$\widehat{p} \xrightarrow{P} p$ であることより，

$$\frac{n\widehat{p} - np}{\sqrt{n\widehat{p}(1-\widehat{p})}}$$

としても n が十分に大きいときに標準正規分布に従うことがわかる.

これより,母比率 p の信頼係数 $100(1-\alpha)\%$ 信頼区間は,

$$p \in \left[\widehat{p} \pm z_{\frac{\alpha}{2}}\sqrt{\frac{\widehat{p}(1-\widehat{p})}{n}}\right]$$

である.

解 答

「不満」の母比率を p とする.信頼区間に必要な値を問題文から整理すると,最終的に求めたい信頼区間の信頼度は 95% なので,

$$\widehat{p} = 0.03$$
$$z_{\frac{\alpha}{2}} = z_{0.025} = 1.96$$
$$n = 200$$

となる.よって,これらを代入して計算すれば,「不満」の母比率の信頼度 95% 信頼区間は

$$\widehat{p} - z_{0.025}\sqrt{\frac{\widehat{p}(1-\widehat{p})}{n}} \leq p \leq \widehat{p} + z_{0.025}\sqrt{\frac{\widehat{p}(1-\widehat{p})}{n}}$$
$$\Longleftrightarrow \qquad 0.006 \leq p \leq 0.053$$

問題	55	母比率の差の区間推定	基本

問題 54 において，この前年度の講義で同じアンケートを取った時には不満の割合は 5.1%（学生数 195 名）であった．この 2 年の「不満」の割合の差の 95% 信頼区間を求めた上で「不満」の割合が変化したかを判断せよ．以下に，問題 54 の表を再掲する．

	満足	やや満足	どちらでもない	やや不満	不満
割合 (%)	45.5	37.0	6.0	8.5	3.0

解説　2 母集団の母比率の差の区間推定問題である．最終的に得られる信頼区間内に 0 が含まれていないのであれば 2 つの母比率は同じになる可能性は統計的に非常に低いため，2 つの母比率には差が認められるということになる．実際には差があるということだけを言いたいのであれば後述する仮説検定を用いた方が話は早い．

以下のように 2 つの母集団からのランダム標本を記述する．

$$X_1, X_2, \ldots, X_m : p \text{ (成功率)}$$
$$Y_1, Y_2, \ldots, Y_n : q \text{ (成功率)}$$

これらはそれぞれパラメータ (m, p), (n, q) の二項分布に従う．このとき，m と n は同じでなくてもよいことに注意する．

すると，ド・モアブル-ラプラスの定理より，m, n が十分に大きいのであれば，

$$\widehat{p} - \widehat{q} \sim N\left(p - q, \ \frac{p(1-p)}{m} + \frac{q(1-q)}{n}\right)$$

となることがわかる．ここに，

$$\widehat{p} = \frac{1}{m} \sum_{i=1}^{m} X_i$$
$$\widehat{q} = \frac{1}{n} \sum_{i=1}^{n} Y_i$$

である．これより，

$$\frac{\widehat{p} - \widehat{q} - (p - q)}{\sqrt{\dfrac{p(1-p)}{m} + \dfrac{q(1-q)}{n}}} \sim N(0, 1)$$

であるので，母比率の差 $p - q$ の近似 95% 信頼区間は

$$P\left(-1.96 \leq \frac{\widehat{p} - \widehat{q} - (p - q)}{\sqrt{p(1-p)/m + q(1-q)/n}} \leq 1.96\right) = 0.95$$

より求めることができる．ただし分母の p, q は未知であるとこの連立不等式は解けないため，p, q の代わりに $\widehat{p}, \widehat{q}$ を用いる．これより，

$$(\widehat{p}-\widehat{q}) - 1.96\sqrt{\frac{\widehat{p}(1-\widehat{p})}{m} + \frac{\widehat{q}(1-\widehat{q})}{n}} \leq p - q$$

$$\leq (\widehat{p}-\widehat{q}) + 1.96\sqrt{\frac{\widehat{p}(1-\widehat{p})}{m} + \frac{\widehat{q}(1-\widehat{q})}{n}}$$

が求める信頼区間となる．もちろん信頼係数が 95% でないときには，1.96 の部分を変えれば各信頼係数に対応する信頼区間を構成することができる．

解答

前年度の 195 名の学生と今年度の学生 200 名はそれぞれ独立にパラメータ $(195, p)$, $(200, q)$ の二項分布に従うとすれば，項目の変化があったかを調べるために母比率の差すなわち $p - q$ の信頼区間を求めればよい．

与えられたデータより，

$$\widehat{p} = 0.051, \qquad \widehat{q} = 0.03$$
$$m = 195, \qquad n = 200$$

であるから，他に信頼区間導出に必要な値は，

$$\widehat{p}(1-\widehat{p}) = 0.049, \qquad \widehat{q}(1-\widehat{q}) = 0.029$$

と求められる．よって，区間の幅の部分は

$$1.96\sqrt{\frac{\widehat{p}(1-\widehat{p})}{m} + \frac{\widehat{q}(1-\widehat{q})}{n}} = 0.0389...$$

となる．したがって，信頼係数 95% の $p - q$ の近似信頼区間は，

$$-0.0177 \leq p - q \leq 0.0602$$

として求められる．この結果より，$p - q$ の信頼区間内に 0 が入るということは変化していない可能性も捨てきれないため，変化しているとは言いきれない．

| 問題 | 56 | 正規母集団におけるサンプルサイズの設計 | 基本 |

平均 μ, 標準偏差 8 の正規分布に従う母集団からデータ $X_1,\ldots,X_n$ が得られて
いるとする．このとき，平均 μ の 95% 信頼区間を構成したいが信頼区間の幅を 5
以内にするためには最低でも標本の大きさ n をいくつ以上にすればよいか．

解説　信頼区間の幅を求める必要があるので，まずは平均 μ, 既知の標準偏差 σ の
正規母集団における平均 μ に対する $100(1-\alpha)\%$ 信頼区間を考える．μ の推定量 $\overline{X}$ は，
先の問いより，$N(\mu,\sigma^2/n)$ に従うことから

$$P\left(-a \leq \frac{\sqrt{n}(\overline{X}-\mu)}{\sigma} \leq b\right) = 1-\alpha$$

となる a,b を求めてから μ についての連立方程式を解き，区間を作ればそれが信頼係数
$100(1-\alpha)\%$ の信頼区間となる．先の問いにもあったように左右が等確率になるように
すれば，区間の幅が最も小さくなるので（信頼係数が同じならば，信頼区間の幅はなる
べく狭い方が望ましい），

$$a = -z_{\frac{\alpha}{2}}, \qquad b = z_{\frac{\alpha}{2}}$$

とすればよい．この値を用いて，μ についての連立方程式を解くと，

$$\overline{X} - z_{\frac{\alpha}{2}}\sqrt{\frac{\sigma^2}{n}} \leq \mu \leq \overline{X} + z_{\frac{\alpha}{2}}\sqrt{\frac{\sigma^2}{n}}$$

が μ に対する信頼係数 $100(1-\alpha)\%$ の信頼区間となる．このことより，信頼区間の幅は

$$2 \times z_{\frac{\alpha}{2}}\sqrt{\frac{\sigma^2}{n}}$$

となる．よって，

$$2 \times z_{\frac{\alpha}{2}}\sqrt{\frac{\sigma^2}{n}} \leq 指定された幅$$

を満たす最小の n が必要なサンプルサイズである．

解 答

信頼係数 95% であることと，問題文より，区間幅の計算に必要な値は，

$$z_{0.025} = 1.96, \qquad \sigma^2 = 8^2$$

であるので，

$$2 \times 1.96 \sqrt{\frac{8^2}{n}} \leq 5$$

を満たす最小の n が最低限必要なサンプルサイズとなる．これを n について解けば，

$$\sqrt{n} \geq \frac{2 \times 1.96 \times 8}{5}$$
$$\sqrt{n} \geq 6.272$$
$$n \geq 39.337 \cdots$$

となるので最低でも 40 以上の大きさのサンプルが必要となることがわかる．

□ 区間推定とサンプルサイズ

区間推定は一般に統計量の従う分布（標本分布）に依存して求められる．標本分布はサンプルサイズによって異なる挙動をする．サンプルサイズが大きくなると区間幅は狭くなる傾向がある．

そのため，今回のように事前に最終的な信頼区間の形を求めておけば，最終的な信頼区間の幅（推定精度）をどの程度まで許容するかを決めることで必要なサンプルサイズを決定できる．

このようにデータを取る前に必要なサンプルサイズを知っておけば，調査や実験の無駄を省くことができる．

| 問題 | 57 | 正規母集団における平均の区間推定と検定 | 基本 |

ある高校で世界史の期末試験を行った．無作為に選んだ 5 名の得点が

$$82 \quad 76 \quad 79 \quad 65 \quad 70$$

であった．世界史受験者の得点は平均 μ，標準偏差 σ の正規分布に従うとする．このとき，以下の問いに答えよ．

(1) 平均 μ の 90% 信頼区間を求めよ．

(2) 昨年度の世界史受験者の平均点が 70 点であったとすると，今年度の受験者と昨年度の受験者で得点に差があるといえるか．有意水準 5% で検定せよ．

解説　$X_1, X_2, \ldots, X_n$ がそれぞれ独立に $N(\mu, \sigma^2)$ に従うとする．問題 56 と同じように μ に対する信頼区間を構成すればよい．つまり，

$$\frac{\sqrt{n}(\overline{X} - \mu)}{\sigma}$$

が標準正規分布 $N(0,1)$ に従うことを用いて信頼区間の構成を考える．しかし，今回の状況では分散 σ^2 が未知であるため，この事実から信頼区間を構成することができない．そのため，今回は σ^2 の推定量を考えなくてはならない．この問題では不偏推定量である

$$U^2 = \frac{1}{n-1} \sum_{i=1}^{n} (X_i - \overline{X})^2$$

を用いる．σ^2 の代わりに U^2 を代入した

$$\frac{\sqrt{n}(\overline{X} - \mu)}{U}$$

を考えると，これは自由度 $n-1$ の t 分布に従うことが知られている．よって，

$$P\left(-a \le \frac{\sqrt{n}(\overline{X} - \mu)}{U} \le b\right) = 1 - \alpha$$

となる a, b を自由度 $n-1$ の t 分布から求めればよいが，t 分布も標準正規分布と同じく 0 を中心に左右対称な分布であるため，両側を等確率にするように a, b を選べば，

$$a = -t_{n-1, \frac{\alpha}{2}}, \qquad b = t_{n-1, \frac{\alpha}{2}}$$

とすればよい．ここに $t_{n-1, \alpha/2}$ は自由度 $n-1$ の t 分布の上側 100α% 点である．この値を用いて，μ についての連立方程式を解くと，

$$\overline{X} - t_{n-1, \frac{\alpha}{2}} \sqrt{\frac{U^2}{n}} \le \mu \le \overline{X} + t_{n-1, \frac{\alpha}{2}} \sqrt{\frac{U^2}{n}}$$

が μ に対する信頼係数 $100(1-\alpha)\%$ の信頼区間となる.

また, μ に対する仮説検定は以下のように 2 つの仮説を設定して行う.

$$H_0 : \mu = \mu_0$$
$$H_1 : \mu \neq \mu_0 \quad (\text{有意水準に注意すれば } \mu < \mu_0 \text{ や } \mu > \mu_0 \text{ でも可})$$

仮説検定では H_0 を正しいと仮定して進めるが, この H_0 を帰無仮説といい, H_1 を対立仮説という. このとき, 帰無仮説 H_0 のもとで,

$$T = \frac{\overline{X} - \mu_0}{\sqrt{U^2/n}}$$

は自由度 $n-1$ の t 分布に従う. よって t 分布のパーセント点を基準に議論するが, 検定を行うときにデータから計算しておく統計量 T を一般に検定統計量という. また, 基準となる点を確定するには確率を指定する必要があるがこれは事前に解析者が決めておく. この確率を有意水準という. 1%, 5% が使われることが多い. 仮に有意水準を α とすれば, $t_{n-1,\frac{\alpha}{2}}$ が基準となり,

$$|T| \geq t_{n-1,\frac{\alpha}{2}}$$

をみたすとき, μ と μ_0 の差は偶然の差とは考えず, 意味のある差であると判断する. つまり, H_0 は正しくない (棄却するという) とし, 対立仮説 H_1 を支持する. こうならなかったときは意味のある差は見つけられなかったと判断し, H_0 が正しくないとは結論付けない (採択するという).

解答

(1) 5 人の得点データ $X_1, \ldots, X_5$ から,

$$\overline{X} = 74.4, \qquad U^2 = 47.3$$

と計算できる. また, 信頼係数 90%なので対応する値を求めると,

$$t_{4,0.05} = 2.132$$

である. よって, μ の信頼区間は

$$67.84 \leq \mu \leq 80.96$$

となる.

(2) μ_0 を 70 として検定統計量を計算すればよい. 有意水準 5%に対応する値が $t_{4,0.025} = 2.776$ に注意すれば,

$$T = \frac{\overline{X} - 70}{\sqrt{U^2/n}} = 1.4 \leq 2.776$$

となるので, H_0 を採択する. つまり, 差があるとは言えない.

| 問題 | 58 | 正規母集団における平均の差の検定 | 基本 |

問題 57 において，その高校では同日に日本史の試験も行われた．日本史受験者から無作為に 5 名を選んできたところ，

$$85 \quad 78 \quad 73 \quad 62 \quad 79$$

であった．日本史受験者の得点は平均 μ_2，標準偏差 σ の正規分布に従うとき，問題 57 における世界史受験者の平均と日本史受験者の平均に差があるといえるか？有意水準 5% で検定せよ．ただし，世界史と日本史を同時に受験した学生はいないものとする．

解 説　それぞれ独立に $X_1, X_2, \ldots, X_m$ が $N(\mu_1, \sigma^2)$ に，$Y_1, Y_2, \ldots, Y_n$ が $N(\mu_2, \sigma^2)$ に従うとき，以下の検定を考える．

$$H_0 : \mu_1 = \mu_2$$
$$H_1 : \mu_1 \neq \mu_2$$

H_0 は $\mu_1 - \mu_2 = 0$ とも考えられるので，μ_1, μ_2 の推定量をそれぞれ $\overline{X}, \overline{Y}$ とすれば，$\overline{X} - \overline{Y}$ をもとに検定すればよい．問題 50 で説明したように

$$\overline{X} \sim N\left(\mu_1, \frac{\sigma^2}{m}\right), \qquad \overline{Y} \sim N\left(\mu_2, \frac{\sigma^2}{n}\right)$$

となることがわかるので，$\overline{X} - \overline{Y}$ の分布は

$$\overline{X} - \overline{Y} \sim N\left(\mu_1 - \mu_2, \ \frac{\sigma^2}{m} + \frac{\sigma^2}{n}\right)$$

に従う．よって，これを標準化した

$$\frac{\overline{X} - \overline{Y} - (\mu_1 - \mu_2)}{\sqrt{\sigma^2\left(\dfrac{1}{m} + \dfrac{1}{n}\right)}}$$

を考えればよい．ここで H_0 のもとでは $\mu_1 - \mu_2 = 0$ となるが，σ^2 は未知のまま残るため，推定する必要がある．X も Y も共通の分散を持っているため，次のような推定量を考える．

$$U_{xy}^2 = \frac{1}{m+n-2}\left\{ \sum_{i=1}^{m}(X_i - \overline{X})^2 + \sum_{i=1}^{n}(Y_i - \overline{Y})^2 \right\}$$

この U_{xy}^2 を用いれば検定統計量は

$$T = \frac{\overline{X} - \overline{Y}}{\sqrt{U_{xy}^2\left(\dfrac{1}{m} + \dfrac{1}{n}\right)}}$$

である. このとき, T は自由度 $m+n-2$ の t 分布に従うことが知られている.

　この問題の議論では X と Y は独立であると仮定したが, 例えば同一の人から繰り返し観測を続けるような実験をするとこの独立性が崩れる. こういうデータを "対応のあるデータ" というが, この場合はデータを変換して問題 57 の話に帰着させればよい. また, X と Y の分散は共通であると仮定したが, 当然この仮定を満たさない状況も多々ある. しかし, この場合の検定統計量と分布については未だにわかっていないため, 後述する Welch の検定を用いることになる.

解 答

　世界史の受験者を X, 日本史の受験者を Y として考える. 問題 57 の計算結果から,

$$\overline{X} = 74.4$$

$$\sum_{i=1}^{5}(X_i - \overline{X})^2 = 4 \times U_x^2 = 189.2$$

が得られている. 同様に日本史受験者でも計算すると,

$$\overline{Y} = 75.4$$

$$\sum_{i=1}^{5}(Y_i - \overline{Y})^2 = 297.2$$

と求められる. また, これらから分散パラメータ σ^2 の不偏推定量は,

$$U_{xy}^2 = \frac{1}{m+n-2}\left\{ \sum_{i=1}^{m}(X_i - \overline{X})^2 + \sum_{i=1}^{n}(Y_i - \overline{Y})^2 \right\} = 60.8$$

となる. よって, 検定統計量は

$$T = \frac{\overline{X} - \overline{Y}}{\sqrt{U_{xy}^2\left(\dfrac{1}{m} + \dfrac{1}{n}\right)}} = -0.203$$

と計算できる. 一方, 有意水準 5% より, 自由度 8 の t 分布の上側 2.5% 点を求めれば $t_{8,0.025} = 2.306$ となるので,

$$|T| < 2.306$$

である. よって, H_0 は採択され, 世界史受験者と日本史受験者の平均点の差は認められないことがわかる.

| 問題 | 59 | 母比率の差の検定 | 基本 |

ある 2 つの地域で与党の支持率に違いがあるかを知りたい．

	支持	不支持	合計	［単位：人］
地域 A	60	30	90	
地域 B	50	35	85	

このとき，与党の支持率に地域 A，B の違いはあるといえるか．有意水準 5% で結論付けよ．

解 説　2 母集団の母比率の差の仮説検定の問題である．この問題のように地域などのカテゴリー毎に率に差があるかを調べるために使う検定である．統計モデルの考え方から言えば目的変数が質的変数であるときの分析を行っていることになる．

以下のように 2 つの母集団からのランダム標本を記述する．

$$X_1, X_2, \ldots, X_m : p \,(\text{成功率})$$
$$Y_1, Y_2, \ldots, Y_n : q \,(\text{成功率})$$

これらはそれぞれパラメータ (m, p)，(n, q) の二項分布に従う．ここで，m と n は同じでなくてもよいことに注意する．

このとき，2 標本の母比率の差の検定は，

$$\begin{cases} H_0 : p = q \\ H_1 : p \neq q \end{cases}$$

である．すると，区間推定のときにも説明したようにド・モアブル-ラプラスの定理より，m, n が十分に大きいのであれば，

$$\widehat{p} - \widehat{q} \sim N\left(p - q, \ \frac{p(1-p)}{m} + \frac{q(1-q)}{n}\right)$$

となることがわかる．ここに，

$$\widehat{p} = \frac{1}{m} \sum_{i=1}^{m} X_i$$
$$\widehat{q} = \frac{1}{n} \sum_{i=1}^{n} Y_i$$

である．これより，

$$\frac{\widehat{p}-\widehat{q}-(p-q)}{\sqrt{\dfrac{p(1-p)}{m}+\dfrac{q(1-q)}{n}}} \sim N(0,1)$$

であるが，分母に未知パラメータが残ってしまう．そのため推定量を考えるが，p,q に関する推定量は帰無仮説のもとでは $p=q$ のため，

$$\widetilde{p}=\frac{1}{m+n}(\sum_{i=1}^{m} X_i+\sum_{i=1}^{n} Y_i)$$

として考える．よって，母比率の差 $p-q$ の H_0 に対する仮説検定統計量は

$$T=\frac{\widehat{p}-\widehat{q}}{\sqrt{\widetilde{p}(1-\widetilde{p})\left(\dfrac{1}{m}+\dfrac{1}{n}\right)}}$$

とすればよい．H_0 が正しいなら，T は 0 に近い値をとるはずなので，この T の値がどのくらい 0 から離れているかを標準正規分布の確率をもとに判断すればよい．

解答

検定に必要な統計量を計算すると以下のようになる．

$$m = 90, \qquad n = 80$$
$$\widehat{p} = 0.67, \qquad \widehat{q} = 0.33$$
$$\widetilde{p} = 0.629$$

これより，検定統計量は

$$T=\frac{\widehat{p}-\widehat{q}}{\sqrt{\widetilde{p}(1-\widetilde{p})\left(\dfrac{1}{m}+\dfrac{1}{n}\right)}}=1.073$$

となる．有意水準 5% なので，標準正規分布の上側 5% 点である 1.96 と比較して，地域 A と地域 B で差があるとは言えないと結論付けることができる．

| 問題 | 60 | 独立性の検定 | 基本 |

　ある食品における購買の継続率について男女で差があるかを知りたい．男女合わ
せて 20 名に調査したところ，以下の表のようになった．

	男性	女性	合計
継続	3	7	10
離反	5	5	10
合計	8	12	20

このとき，男女間で継続率に差があるといえるか．有意水準 5% で結論付けよ．

解説　性別の違いなど，一般的にはカテゴリーの違いで結果に差が生じるのかを調
べる検定が**独立性の検定**である．2 つのカテゴリーで比較するときは前問の母比率の検
定と一致するが，独立性の検定では 3 つ以上のカテゴリー間での比較もできることに注
意する．また，母比率の検定も独立性の検定も近似分布（漸近分布という）を用いてい
るが，正確な検定をする場合には Fisher の正確確率検定を行えばよい．
　独立性の検定における仮説はこの問いに沿って説明すれば，

$$H_0 : 性別によって購買の継続率に差がない$$
$$H_1 : 性別によって購買の継続率に差がある$$

という仮説検定を考えていることになる．
　仮に次のようなデータが得られたとする．

	男性	女性	合計
継続	p_1	q_1	k
離反	p_2	q_2	r
合計	m	n	$m+n$

このとき，男女間で継続率に差がないとすれば，以下の式が成り立つはずである．

$$p_1 : p_2 = q_1 : q_2 = k : r$$

これをもとに算出された値が期待度数と呼ばれ，実際には観測された度数とこの期待度
数の差が小さければ，帰無仮説を採択し，差が大きければ帰無仮説を棄却するという流
れになる．期待度数の大きさは真の率に依存する（期待度数に依存する）ので，検定統
計量は，

$$T = \sum^{k} \frac{(観測度数 - 期待度数)^2}{期待度数}$$

である．ただし，k は分割表のセルの個数である．この検定統計量の分布は正確な分布が知られていないが，一般に $n \times m$ 分割表なら自由度が $(n-1)(m-1)$ の χ^2 分布に近似的に従うことが知られている．

解 答

検定統計量を求めるために，以下のように期待度数を計算する．

	男性	女性	合計
継続	$10 \times \dfrac{8}{20}$	$10 \times \dfrac{12}{20}$	10
離反	$10 \times \dfrac{8}{20}$	$10 \times \dfrac{12}{20}$	10
合計	8	12	20

よって，検定統計量は

$$T = \sum^{4} \frac{(観測度数 - 期待度数)^2}{期待度数} = \frac{1}{4} + \frac{1}{4} + \frac{1}{6} + \frac{1}{6} = 0.83$$

となる．自由度 1 の χ^2 分布の上側 5% 点が数表から 3.84 とわかるので，帰無仮説は棄却される．よって，性別による違いはあるとは言えない．

問題　61　適合度の検定　　　　　　　　　　　　　　　基本

あるプロスポーツ 3 チームのファンの比率は 10 年前は以下のような割合であった.

	A	B	C	[単位：%]
10 年前	50	30	20	

現在どうなっているのか興味があり，200 名に贔屓にしているチームを聞いたところ，以下のような結果になった.

	A	B	C	合計	[単位：人]
現在	80	70	50	200	

10 年前と現在でファンの比率に変化はあったといえるか. 有意水準 5% で結論付けよ.

解 説　適合度検定は以下の仮説検定である.

帰無仮説 H_0：確率分布として等しい

対立仮説 H_1：確率分布として等しくない

これにより，理論値が正しいのかなどを客観的に判断することができるし，場合によっては誤差分布に仮定する確率分布 (多くは正規分布を仮定するが) が正しいのかなども客観的に判断できる. 正規分布に従うかを判断する検定を正規性検定などとも呼ぶ.

定式化は以下のように行うことができる. すべての $x \in \mathbb{R}$ について，

$$H_0: F_n(x) = F_X(x)$$
$$H_1: F_n(x) \neq F_X(x)$$

の検定が適合度検定である.

今回の場合の仮説の設定は，

	A	B	C	[単位：%]
現在	p_1	p_2	p_3	

としたときに，10 年前の支持率が p_{01}, p_{02}, p_{03} とすれば，

$$H_0: p_1 = p_{01}, \quad p_2 = p_{02}, \quad p_3 = p_{03}$$

の検定を考えている.

検定統計量は独立性の検定と同様にこの帰無仮説をもとにした期待度数と観測度数の差の大きさとすればよい.

つまり，検定統計量 T は，検定統計量と分布

$$T = \sum^{k} \frac{(観測度数 - 期待度数)^2}{期待度数}$$

は観測度数が十分に大きいとき，自由度 2 のカイ 2 乗分布に従う.

　一般に実験の結果が k 種類で n 回実験を繰り返したときにそれぞれの種類の観測度数が得られたとする.

　このときの検定統計量 T は検定統計量と分布

$$T = \sum^{k} \frac{(観測度数 - 期待度数)^2}{期待度数}$$

は n が十分大きいときに，自由度 $k-1$ のカイ 2 乗分布に従う. 各階級の期待度数が 5 より小さいときは近似精度がよくない可能性も大きいため，その場合は隣のセルと結合するなどして解析することもあることに注意されたい.

解答

帰無仮説が正しいとすれば，現在のファン 200 人に調査すれば

	A	B	C	[単位：人]
現在	100	60	40	

である. 実際の観測値は，

	A	B	C	[単位：人]
現在	80	70	50	

であるので，検定統計量は，

$$T = \frac{(80-100)^2}{100} + \frac{(70-60)^2}{60} + \frac{(50-40)^2}{40} = 8.17$$

と求められる. 自由度 2 のカイ 2 乗分布の上側 5% 点は 5.99 なので，帰無仮説は棄却され，10 年前と差があると言える.

| 問題 | 62 | 等分散性の検定と Welch の検定 | 基本 |

　ある球技のボールは 2 つの工場に発注している．この競技はボールの重さは 700 [g] という決まりがある．それぞれの工場で作成してるいくつかのボールを無作為に 5 つずつ選んできて重さを測ったところ，以下のようなデータが得られた．

| A 工場 | 688 | 695 | 702 | 704 | 680 |
| B 工場 | 712 | 715 | 699 | 698 | 711 |

　このとき，以下の問いに答えよ．ただし，両工場のボールの重さは独立に正規分布に従うとする．

(1) A 工場，B 工場で作るボールの重さの分散は等しいといえるか．有意水準 5% で検定せよ．

(2) (1) の結果を踏まえて，A 工場，B 工場で作るボールの重さの平均は等しいと言えるか．有意水準 5% で検定せよ．

解説　2 つの正規母集団の平均が等しいかを検定する際に分散が等しいのであれば，問題 58 の 2 標本 t 検定を行えばよい．しかし，この問のように分散が等しいかがわからないときには**等分散の検定**を行うことで分散が等しいかを判断してから 2 標本 t 検定をするのか後述する Welch の検定をするのかを決める．等分散の検定は仮説として，

$$H_0 : \sigma_x^2 = \sigma_y^2$$
$$H_1 : \sigma_x^2 \neq \sigma_y^2$$

を考える．ただし，$X_1, \ldots, X_m \sim N(\mu_x, \sigma_x^2)$，$Y_1, \ldots, Y_n \sim N(\mu_y, \sigma_y^2)$ である．

　この仮説検定に対する検定統計量は各グループの分散の推定量 U_x^2, U_y^2 の比をとると分布が知られており，

$$T = \frac{U_x^2}{U_y^2}$$

は自由度 $m-1$, $n-1$ の F 分布に従う．

　この結果として等分散が仮定できないときは**正確な検定**が存在しないことに注意する．そこで通常は近似的な方法がとられるが，これを **Welch の検定**という．Welch の検定統計量は

$$T = \frac{\overline{x} - \overline{y}}{\sqrt{U_x^2/m + U_y^2/n}}$$

であり，これは自由度 f の t 分布に近似的に従う．ここに，

$$f = \frac{(U_x^2/m + U_y^2/n)^2}{(U_x^2/m)^2/(m-1) + (U_y^2/n)^2/(n-1)}$$

である．これにより，結論を導けばよい．

　また，近年ではこの手法は Selective Inference の問題点があることが指摘されており，等分散の検定を経ずに Welch の検定をすればよいという流れもある．

解 答

(1) 検定に必要な値を計算しておくと，

$$\overline{X} = 693.8, \qquad \overline{Y} = 705.0$$
$$U_x^2 = 99.2, \qquad U_y^2 = 26$$

となる．よって，等分散の検定統計量 F は

$$F = \frac{99.2}{26} = 8.7115$$

である．また，自由度 $4, 4$ の F 分布の上側 5% 点は

$$F_{4,4,0.05} = 6.388$$

となるため，有意水準 5% で等分散性は否定される．

(2) (1) により，Welch の検定を用いることにする．検定統計量は

$$T = \frac{\overline{x} - \overline{y}}{\sqrt{U_x^2/m + U_y^2/n}} = -2.111$$

であり，自由度 f はおよそ

$$f = 4.9$$

となるので次のように線形補完すると，

$$t_{df,0.05} = \frac{1}{10} t_{4,0.05} + \frac{9}{10} t_{5,0.05} = 2.591$$

として検定に必要な確率点が得られる．よって，帰無仮説は採択されるので，A, B 工場で差があるとは言えない．

| 問題 | 63 | 尤度比検定 | 標準 |

$X_1, X_2, \ldots, X_n$ を正規母集団 $N(\mu, \sigma^2)$ からの大きさ n のランダム標本とする．このとき，

$$H_0 : \mu = \mu_0$$
$$H_1 : \mu \neq \mu_0$$

の尤度比検定を求めよ．

解 説　$\boldsymbol{X} = (X_1, X_2, \ldots, X_n)$ が確率 (密度) 関数 $f(x; \theta)$ をもつ確率分布からの大きさ n のランダム標本とする．このとき，確率分布におけるパラメータ θ について以下の検定を考える．

$$H_0 : \theta \in \Theta_0$$
$$H_1 : \theta \in \Theta_1$$

このもとで，（一般化）**尤度比**（likelihood ratio）を以下のように定義する．

$$\lambda(\boldsymbol{x}) = \frac{\sup_{\theta \in \Theta_0} L(\theta; \boldsymbol{x})}{\sup_{\theta \in \Theta} L(\theta; \boldsymbol{x})}$$

ここに，$L(\theta; \boldsymbol{x})$ は，尤度関数である．このとき，棄却限界値 c について，$\lambda(\boldsymbol{x}) < c$ ならば，帰無仮説を棄却するという検定を**尤度比検定**（likelihood ratio test）と呼ぶ．尤度比は分子が帰無仮説のもとで求めた最尤推定量を尤度関数に代入したものであり，分母はパラメータ空間に制限を設けないもとで求められる最尤推定量を代入したものであるため，尤度比検定は二つの最尤推定量の比較をもとにした検定であることがわかる．手順を整理すると，以下のようになる．

(i) パラメータ θ の最尤推定量 $\widehat{\theta}$ を求める．

(ii) パラメータ空間 Θ_0 内と制限したときのパラメータ θ の最尤推定量 $\widehat{\theta}_0$ を求める．

(iii) 尤度比

$$\lambda(\boldsymbol{x}) = \frac{L(\widehat{\theta}_0; \boldsymbol{x})}{L(\widehat{\theta}; \boldsymbol{x})}$$

を計算する．

(iv) 有意水準を α とし，棄却域を $P(\lambda(\boldsymbol{x}) < c)$ と定める．

(v) $\lambda(\boldsymbol{x}) < c$ ならば，帰無仮説を棄却し，そうでなければ帰無仮説は棄却されない．

また，尤度比の分母を対立仮説内での最尤推定量とする定義もあるが，その場合は先ほどの尤度比を**一般化尤度比**（generalized likelihood ratio）と呼んで区別する．

解 答

手順通りに求めていく．まずはパラメータ空間を制限しないもとでの最尤推定量を求める．つまり，

$$\sup_{(\mu,\sigma^2)\in\Theta} L(\mu,\sigma^2;\boldsymbol{x})$$

を最大にする μ,σ^2 を求める．

尤度関数は正規分布の確率関数を用いて，

$$L(\mu,\sigma^2) = \frac{1}{\sqrt{2\pi\sigma^2}}\exp\left[-\frac{(x_1-\mu)^2}{2\sigma^2}\right]\cdots\frac{1}{\sqrt{2\pi\sigma^2}}\exp\left[-\frac{(x_n-\mu)^2}{2\sigma^2}\right]$$

$$= (2\pi\sigma^2)^{-\frac{n}{2}}\exp\left[-\frac{1}{2\sigma^2}\sum_{i=1}^{n}(x_i-\mu)^2\right]$$

となる．これより，対数尤度関数は

$$\ell(\mu,\sigma^2) = \frac{n}{2}\log(2\pi\sigma^2) - \frac{1}{2\sigma^2}\sum_{i=1}^{n}(x_i-\mu)^2$$

なので，尤度方程式は連立方程式

$$\frac{\partial\ell(\mu,\sigma^2)}{\partial\mu} = \frac{1}{\sigma^2}\sum_{i=1}^{n}(x_i-\mu) = 0$$

$$\frac{\partial\ell(\mu,\sigma^2)}{\partial\sigma^2} = \frac{n}{2\sigma^2} + \frac{1}{2(\sigma^2)^2}\sum_{i=1}^{n}(x_i-\mu)^2 = 0$$

となる．

$$\widehat{\mu} = \frac{1}{n}\sum_{i=1}^{n}x_i = \overline{x}$$

であり，

$$\widehat{\sigma}^2 = \frac{1}{n}\sum_{i=1}^{n}(x_i-\overline{x})^2 = S^2$$

である．よって，正規分布のパラメータ μ,σ^2 の最尤推定量 $\widehat{\mu},\widehat{\sigma}^2$ は $\overline{X},S^2$ となる．また，帰無仮説の下では $\mu=\mu_0$ となるので，最尤推定量 $\widehat{\mu}_0,\widehat{\sigma}^2$ は $\mu_0,\ \frac{1}{n}\sum_{i=1}^{n}(X_i-\mu_0)^2$ である．よって，尤度比は

$$\lambda(\boldsymbol{x}) = \frac{L(\widehat{\mu}_0,\widehat{\sigma}_0^2;\boldsymbol{x})}{L(\widehat{\mu},\widehat{\sigma}^2;\boldsymbol{x})} = \left(1 + \frac{n(\overline{X}-\mu_0)^2}{\displaystyle\sum_{i=1}^{n}(X_i-\overline{X})^2}\right)^{-n/2}$$

となる．ここに帰無仮説の下で

$$\sqrt{\frac{n(\overline{X}-\mu_0)^2}{\displaystyle\sum_{i=1}^{n}(X_i-\overline{X})^2}}$$

は自由度 $n-1$ の t 分布に従うことより検定を行えばよい．

| 問題 | 64 | 分散分析 | 基本 |

　ある大学では同じ講義を 4 人の教員（担当教員：A, B, C, D）が担当している．各クラスから無作為に学生を 5 名ずつ選び，その得点を調査したところ，以下のようになった．

	A	B	C	D
1	58	60	70	75
2	49	61	55	72
3	69	72	45	80
4	60	80	43	88
5	63	70	90	92

　すべてのクラスは同じ試験を行い，採点のみ各担当教員が行った．試験の得点はそれぞれ同じ分散をもつ正規分布に従うとしたとき，教員間で採点の基準に差があるかどうか調べよ．

解 説　**分散分析**を行えばよい．分散分析は名前からそのまま捉えると分散に関する解析を行う手法と勘違いされがちだが，実際には複数個の正規母集団の平均に差が認められるかを検定により調べる方法である．2 つの正規母集団であれば 2 標本 t 検定と結果は一致するが，分散分析は 3 つ以上の平均の比較を行うことが可能である．

　問題と同じ 4 つの母集団比較のデータで説明をする．

	A	B	C	D
1	x_{A1}	x_{B1}	x_{C1}	x_{D1}
$\vdots$		$\vdots$		
n	x_{An}	x_{Bn}	x_{Cn}	x_{Dn}
平均	$\overline{X}_A$	$\overline{X}_B$	$\overline{X}_C$	$\overline{X}_D$

　このデータでは A～D の間で平均間に差があるかを調べることに興味がある．このとき，帰無仮説は "すべての平均は等しい" なので，以下のように分散に対する推定量を考える．まずはすべてのデータの平均を $\overline{X}$ と書くことにすれば，全体としての分散 (偏差平方和) は

$$SS_{Total} \sum_{k=1}^{4} \sum_{i=1}^{n} (X_{ki} - \overline{X})^2$$

として推定することができる．また，各母集団間 (群間) の分散については，

$$SS_{bet} = \sum_{k=1}^{4} \sum_{i=1}^{n} (\overline{X}_i - \overline{X})^2$$

であり，各母集団内 (群内) での分散の平均は

$$SS_{with} = \sum_{k=1}^{4} \sum_{i=1}^{n} (X_{ki} - \overline{X}_i)^2$$

とすると，次式

$$SS_{Total} = SS_{bet} + SS_{with}$$

が成り立つことがわかる．SS_{with} は誤差で説明できる分散の大きさととらえられ，SS_{bet} は誤差で説明しきれない分散の大きさと考えられるのでこれらをもとに検定を行う手法が分散分析である．分散の分布としては χ^2 分布となるので自由度を考える必要があるが，それは以下の表のようにまとめると便利である．

	平方和	自由度 (df)	分散	F 値
群間	SS_{bet}	$df_b =$ 群数 -1	$V_b = SS_{bet}/df_b$	V_b/V_w
群内	SS_{with}	$df_w =$ データ $-$ 群数	$V_w = SS_{with}/df_w$	
全体	SS_{Total}	$df =$ データ -1		

この表を分散分析表という．このときの F は自由度 df_b, df_w の F 分布に従うことから検定を行えばよい．

解 答

分散分析表を完成させて F 分布の確率と比較すればよい．

	平方和	自由度 (df)	分散	F 値
群間	1506.4	$df_b = 4 - 1 = 3$	$V_b = 502.1$	3.471
群内	2314.4	$df_w = 20 - 4 = 16$	$V_w = 144.7$	
全体	3820.8	$df = 20 - 1 = 19$		

F は自由度 $3, 16$ の F 分布に従うので有意水準 5% で数表から値を読み取れば，$F_{3,16,0.05} = 3.239$ となるので，F 値よりも小さい．よって，帰無仮説は棄却されず差があるとは言えない．

| 問題 | 65 | クロス集計表とファイ係数 | 標準 |

　統計学を履修した 15 人の学生の性別，文系理系の区分（高校で数Ⅲの履修の有無），身長，体重を表す次の表に基づいて，以下の問いに答えよ．

統計学を履修した学生 15 人の性別，身長および体重

学生	1	2	3	4	5	6	7	8
性別	男	男	男	女	男	男	男	女
文理	文	文	理	文	理	文	理	文
身長 (cm)	178	165	168	152	175	175	165	162
体重 (kg)	63	62	69	41	71	61	62	48

学生	9	10	11	12	13	14	15
性別	女	男	男	女	女	女	男
文理	理	理	理	理	文	文	文
身長 (cm)	164	170	169	155	153	162	168
体重 (kg)	52	55	69	48	44	49	69

(1) 質的変数と量的変数を分類せよ．
(2) 質的変数に関するクロス集計表を作り，またファイ係数を求めよ．

解　説　**質的変数と量的変数**：統計学で分析の対象を変数（variable）という．変数は複数の値を取り，取る値の性質によって，量的（数値的）変数と質的（カテゴリー）変数と分類できる．量的変数はさらに**間隔尺度**と**比例尺度**に分けることができ，質的変数は**名義尺度**と**順序尺度**に分けることができる．

　量的変数は数値であり，測定可能な量を表す．人口や，長さ，重さ，体積，面積，給料，温度，時間などが量的変数である．間隔尺度は，温度や時間など，数値の大きさに意味がなく，目盛が等間隔になっていて，その間隔に意味があるものである．一方，比例尺度は，速度や給料などのように「原点」があり，数値の大きさの意味はこの原点に対して比較される．比例尺度で変数が 0 の場合，この値の「意味」がなくなる．テストの点数が 0 でも，学力がないとは言えず，テストの点数は間隔尺度である．一方，重量が 0 であれば，「無重力」の状態を表し，重量は比例尺度である．

　質的変数の取る値は対象が属するカテゴリーである．ボールの色（赤，緑，青など）や，犬種（コリー，シェパード，テリアなど），学歴（大卒，高卒，中卒）や，居住地域（都市，農村）などが質的変数の例である．名義尺度は，色や犬種などのように，他と区別し分類するためのラベルのようなものに対して，順序尺度は，学歴や社会階級などのように，順序や大小に意味があるが間隔には意味がないものである．

　質的変数に含まれる情報をよく**クロス集計表**で集約する．2つの2値質的変数の関連性を数値的に表すものとして ϕ（ファイ）係数がよく用いられる．

　2つの質的変数 (x, y) に対して，カテゴリーに属するデータをそれぞれのカテゴリーで同時に分類し，その度数 (n_{ij}) を集計したものを**クロス集計表**という．下の表は2つの2値変数のクロス集計表である．

x $\diagdown$ y	$y = 1$	$y = 0$	合計
$x = 1$	n_{11}	n_{10}	$n_{1\bullet}$
$x = 0$	n_{01}	n_{00}	$n_{0\bullet}$
合計	$n_{\bullet 1}$	$n_{\bullet 0}$	n

　上のクロス集計表のように，2つの2値質的変数の関連性を表すために，

$$\phi = \frac{n_{11}n_{00} - n_{10}n_{01}}{\sqrt{n_{1\bullet}n_{0\bullet}n_{\bullet 0}n_{\bullet 1}}}.$$

で定義される ϕ（ファイ）係数がよく用いられる．相関係数と同様，ファイ係数は -1 から 1 の間の値を取り，主対角線上の度数 n_{11}, n_{00} が支配的な場合，x と y は強い正の関連をもつという．対照的に，副対角線上の度数 n_{10}, n_{01} が支配的な場合，x と y は強い負の関連をもつという．

解 答

(1) 問題文の表において，性別と文系理系の区分は質的変数で，身長と体重は量的変数である．性別と文系理系の区分は，順序は存在せず，名義尺度である．一方，身長と体重は，0になってしまうと「意味」がなくなるので，比例尺度である．

(2) 性別と文理は共に2つのカテゴリーを有し，度数に関するクロス集計表は次のようになる．

性別 $\diagdown$ 文理	理	文	合計
男	5	4	9
女	2	4	6
合計	7	8	15

　ファイ係数は以下のように計算される．いまの場合，性別と文理の関係は強いとは言えない．

$$\phi = \frac{n_{11}n_{00} - n_{10}n_{01}}{\sqrt{n_{1\bullet}n_{0\bullet}n_{\bullet 0}n_{\bullet 1}}} = \frac{5 \times 4 - 4 \times 2}{\sqrt{9 \times 6 \times 8 \times 7}} \approx 0.218$$

| 問題 | 66 | 二項分布の正規近似・比率の差に関する検定 | 標準 |

ある年にある政策に対する国民の支持率を調査するため，$n_1 = 1000$ 人の有権者を無作為に抽出して意見を聞いたところ，$x_1 = 530$ 人が支持すると答えた．

このとき，以下の問いに答えよ．

(1) この年の政策に対する支持率 θ_1 は 50% を超えているといってよいか．適当な近似を用いて，有意水準 5% で検定せよ．

(2) 同じ政策に対して次の年に支持率の変化を調査するため，$n_2 = 1500$ 人の有権者を無作為に抽出して意見を聞いたところ，$x_2 = 825$ 人が支持すると答えた．支持率は上昇したといってよいか．適当な近似を用いて，有意水準 5% で検定せよ．

解説 この問題は母集団の比率と比率の差の検定の問題である．

(1) X が二項分布 $Bi(n, \theta)$ に従うとき，

$$E[X] = n\theta, \qquad V[X] = n\theta(1-\theta)$$

となる．経験的に，$n\theta > 10$ であれば，近似的に，

$$\frac{\dfrac{X}{n} - \theta}{\sqrt{\dfrac{1}{n}\theta(1-\theta)}} \sim N(0, 1)$$

が成り立つ．この事実を利用して信頼区間の構築や仮説検定を行うことができる．

(2) $X_1 \sim Bi(n_1, \theta_1)$, $X_2 \sim Bi(n_2, \theta_2)$ のとき，以下が成り立つ．

$$E\left[\frac{X_2}{n_2} - \frac{X_1}{n_1}\right] = \theta_2 - \theta_1,$$

$$V\left[\frac{X_2}{n_2} - \frac{X_1}{n_1}\right] = \frac{1}{n_2}\theta_2(1-\theta_2) + \frac{1}{n_1}\theta_1(1-\theta_1)$$

n_1, n_2 が大きいとき，中心極限定理により，以下が近似的に成り立つ．

$$\frac{\left(\dfrac{X_2}{n_2} - \dfrac{X_1}{n_1}\right) - (\theta_2 - \theta_1)}{\sqrt{\dfrac{1}{n_2}\theta_2(1-\theta_2) + \dfrac{1}{n_1}\theta_1(1-\theta_1)}} \sim N(0, 1) \tag{1}$$

$\hat{\theta}_1 = X_1/n_1$, $\hat{\theta}_2 = X_2/n_2$ をそれぞれ θ_1, θ_2 の最尤推定量とする．このとき，式 (1) の分母を推定量で置き換えても，漸近的に（n_1, n_2 が大きいとき），以下が近似的に成り立つ．

$$\frac{\left(\dfrac{X_2}{n_2} - \dfrac{X_1}{n_1}\right) - (\theta_2 - \theta_1)}{\sqrt{\dfrac{1}{n_2}\hat{\theta}_2(1-\hat{\theta}_2) + \dfrac{1}{n_1}\hat{\theta}_1(1-\hat{\theta}_1)}} \sim N(0, 1)$$

解 答

(1) 真の支持率を θ_1 とし，$n_1 = 1000$，支持者数を X_1 とすると，$X_1 \sim Bi(n_1, \theta_1)$．帰無仮説 $\theta_1 = 0.5$，対立仮説 $\theta_1 > 0.5$ を考える．検定統計量

$$Z_1 = \frac{X_1/n_1 - 0.5}{\sqrt{\dfrac{1}{n_1}0.5 \times (1 - 0.5)}}$$

は，$n_1 \times 0.5 = 500 > 10$ より，帰無仮説の下で Z_1 が近似的に $N(0, 1)$ に従う．検定統計量の実現値は

$$z_1 = (x_1/n_1 - 0.5)/\sqrt{0.5 \times 0.5/n_1} = (530/1000 - 0.5)/\sqrt{0.5 \times 0.5/1000} \approx 1.897$$

これより，p 値は，$1 - \Phi(1.897) \approx 0.029 < 5\%$．したがって，有意水準 5% で帰無仮説は棄却される．すなわち，支持率 θ_1 は 50% を超えているといってよい．

(2) 次の年の政策支持率を θ_2 とし，$n_2 = 1500$ 人の中からの支持者数を X_2 として，$X_2 \sim Bi(n_2, \theta_2)$．帰無仮説 $\theta_2 = \theta_1$，対立仮説 $\theta_2 > \theta_1$ を考える．このとき，

$$\hat{\theta} = \frac{X_1 + X_2}{n_1 + n_2}$$

を共通の支持率推定量として，検定統計量

$$Z = \frac{X_2/n_2 - X_1/n_1}{\sqrt{\left(\dfrac{1}{n_1} + \dfrac{1}{n_2}\right)\hat{\theta}(1 - \hat{\theta})}}$$

は，帰無仮説の下で標準正規分布 $N(0, 1)$ で近似できる．観測されたデータの下で，$\hat{\theta} = (x_1 + x_2)/(n_1 + n_2) = (530 + 825)/(1000 + 1500) = 0.542$ なので，検定統計量の実現値は

$$z = \frac{825/1500 - 530/1000}{\sqrt{\left(\dfrac{1}{1000} + \dfrac{1}{1500}\right) \times 0.542 \times (1 - 0.542)}} \approx 0.983$$

これより，p 値は，$1 - \Phi(0.983) \approx 0.163 > 5\%$．したがって，有意水準 5% で帰無仮説は棄却されない．すなわち，次の年の支持率 θ_2 は上昇したとはいえない．

Chapter 6

回帰と予測

駅までの距離と不動産の価格の関係に代表されるように，
一方の変数が増えればもう一方の変数も応じて変化する
ことがしばしば観察される．このような2つの変数の (直
線的な) 定量関係をはっきりさせることは，ビジネスの現
場における予測や制御を行うために大きな役割を果たす．
回帰分析の主な目的は一方の変数の値を用いて他方の変
数の予測などを行うことにあり，統計学の歴史の中でも
最も古くまた最も有効な手法とされている．回帰分析を
行うにはしばしば煩雑な計算が伴うため，ソフトウェア
の利用が必要不可欠である．ソフトウェアの出力の結果
を適切に読み取ることもまた重要である．これについて
は Chapter 9 が詳しい．

| 問題 | 67 | 相関関係と回帰分析 | 標準 |

　速度が速ければ車の停止距離も長いことは経験的に知られている．フリーウェア R の cars というデータセットはこうした 50 回の実験結果 (McNeil (1977), *Interactive Data Analysis*. Wiley) を記録したものである．このデータから無作為に 23 個を抽出したものが次の表である．ここで，speed は車の時速（マイル毎時; 1 マイルは約 1609 メートル）で，dist は車の停止距離（フィート; 1 フィートは約 0.3 メートル）である．

車の速度と停止距離

speed (x)	dist(y)
12.00	24.00
7.00	4.00
14.00	26.00
18.00	84.00
20.00	32.00
4.00	10.00
22.00	66.00
18.00	42.00
12.00	20.00
9.00	10.00
12.00	14.00
15.00	54.00
15.00	20.00
17.00	32.00
14.00	36.00
18.00	56.00
13.00	46.00
17.00	40.00
20.00	52.00
11.00	17.00
23.00	54.00
7.00	22.00
10.00	34.00

(1) 表の車の速度と停止距離に関するデータの散布図と箱ひげ図を描け．

(2) 車の速度から停止距離を予測できるかどうか，理由と共に答えよ．

解 説 　統計学における多くの問題が**予測の問題**と**分類の問題**にとに大別される. 2
つの変数 x と y が与えられたとき, x と y に強い関連があれば, x の値を用いて y の値
を予測することが可能となる. **回帰分析**はこうした予測の方法を系統的に提供するもの
である. 1 つの変数 x から y を予測する問題を**単回帰分析**といい, 複数の変数から y を
予測する問題を**重回帰分析**という. x と y の関連が線形的であれば, **線形回帰分析**の手
法を適用するのが妥当であるが, x と y の関連が非線形的であれば, **非線形回帰分析**の手
法を適用するのが妥当であろう.

　回帰分析を行う前に x と y の散布図などを描き, x と y の関係を視覚的に捉えること
が重要である. 例えば, 散布図から x と y が線形的な関係を持つかどうか一目瞭然であ
ろう. また散布図や箱ひげ図などから異常値の検出もできる. さらに, 線形回帰分析が
妥当かどうかを判断するために, x と y の相関係数の計算も勧める.

解 答

(1) 下の図は, 問題の表の車の速度と停止距離に関する散布図および箱ひげ図である.
　　散布図に描かれている回帰直線は後述する. とくに箱ひげ図から, 停止距離のばらつ
　　きが速度よりかなり大きいことがわかる.

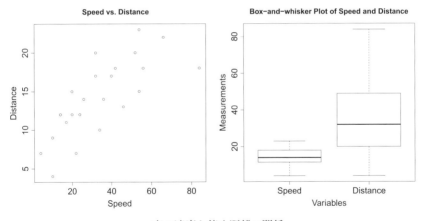

車の速度と停止距離の関係

(2) 上の図より, 車の速度が速ければ停止距離も長いことが読み取れる. したがって,
　　速度と停止距離は強い正の相関を示唆する. 実際, 速度と停止距離の相関係数を計算
　　すると 0.752 となり, 非常に高い値となっている. 以上のことから, 速度から線形的
　　に停止距離を予測できる可能性を示している.

| 問題 | 68 | 相関係数 | 標準 |

$\boxed{1}$ 変数 x と y に関するデータ，$(x_1,y_1),(x_2,y_2),\ldots,(x_n,y_n)$，が得られたとき，$x$ と y の（標本）相関係数 r の性質を説明せよ.

$\boxed{2}$ 問題 65 の表で与えられた 15 人の学生の身長と体重の相関係数を計算せよ.

$\boxed{3}$ 相関係数 r について，$|r| \leq 1$ となることを示せ.

解説 2 次元データ $(x_1,y_1),\ldots,(x_n,y_n)$ に対して，x と y の平均と分散を

$$\bar{x} = \sum_{i=1}^{n} x_i/n, \qquad s_{xx} = \frac{1}{n}\sum_{i=1}^{n}(x_i-\bar{x})^2$$

$$\bar{y} = \sum_{i=1}^{n} y_i/n, \qquad s_{yy} = \frac{1}{n}\sum_{i=1}^{n}(y_i-\bar{y})^2$$

として，また x と y の共分散 (covariance) を

$$s_{xy} = \frac{1}{n}\sum_{i=1}^{n}(x_i-\bar{x})(y_i-\bar{y})$$

とする. **相関係数**（correlation coefficient）は次のように定義される.

$$r = \frac{s_{xy}}{\sqrt{s_{xx}s_{yy}}} = \frac{\displaystyle\sum_{i=1}^{n}(x_i-\bar{x})(y_i-\bar{y})}{\sqrt{\displaystyle\sum_{i=1}^{n}(x_i-\bar{x})^2}\sqrt{\displaystyle\sum_{i=1}^{n}(y_i-\bar{y})^2}}$$

相関係数は 2 つの変数の間の直線的関係の強さを示す指標である. $r>0$ のとき（下図左），x と y は正の相関を，$r<0$ のとき（下図中），x と y は負の相関をもつという. $r=0$ のとき（下図右），x と y は無相関という.

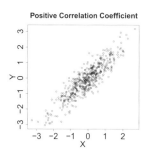 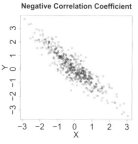 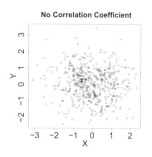

解 答

1 相関係数は 2 つの変数 x と y の直線的関係を示す重要な指標である．相関係数は次の性質をもつ．

- 相関係数は変数間の非線形な関係を表すものではない．例えば，(x, y) が単位円状に一様に分布しているとして，この分布からの無作為標本から計算される相関係数はゼロに近いことが予想される．
- 2 変数間の相関係数は対称性をもつ．強い相関関係は必ず因果関係を意味するものではない．
- 相関係数の最大値が 1 で，最小値が -1 である．相関係数の大きさの解釈は分野によって異なる．
- 相関係数は線形変換に対して**不偏性**を持つ．すなわち，(x_i, y_i) から

$$u_i = ax_i + b,\, v_i = cy_i + d \qquad (ac > 0,\ i = 1, 2, \ldots, n)$$

より (u_i, v_i) を得たとき，次が成り立つ．

$$\frac{s_{xy}}{\sqrt{s_{xx}s_{yy}}} = \frac{s_{uv}}{\sqrt{s_{uu}s_{vv}}}$$

2 $s_{xy} = 16.92,\ s_{xx} = 57.17,\ s_{yy} = 93.72$ より，

$$r = \frac{16.92}{\sqrt{57.17 \times 93.72}} \approx 0.231$$

以上の計算により，身長と体重間には一定の相関があることが認められる．

3 $|r| \leq 1$ と $r^2 \leq 1$ が同値であることに注意する．$a_i = x_i - \bar{x},\ b_i = y_i - \bar{y}\,(i = 1, \ldots, n)$ とおけば，次の **Schwarz の不等式**

$$\left(\sum_{i=1}^{n} a_i b_i\right)^2 \leq \sum_{i=1}^{n} a_i^2 \sum_{i=1}^{n} b_i^2$$

を証明すればよい．任意の実数 t に対して，

$$\sum_{i=1}^{n}(a_i + b_i t)^2 = \left(\sum_{i=1}^{n} b_i^2\right)t^2 + \left(2\sum_{i=1}^{n} a_i b_i\right)t + \sum_{i=1}^{n} a_i^2$$

が常に非負より，t のこの 2 次式の判別式は

$$\left(2\sum_{i=1}^{n} a_i b_i\right)^2 - 4\left(\sum_{i=1}^{n} b_i^2\right)\left(\sum_{i=1}^{n} a_i^2\right) \leq 0$$

となる．移項して，両辺を 4 で割ると Schwarz の不等式を得る．

| 問題 | 69 | 回帰分析・最小二乗推定量 | 標準 |

連続変数 x と y について，データ $(x_1, y_1), (x_2, y_2), \ldots, (x_n, y_n)$ から x と y は線形的な関係にあることを示唆していて，次の単回帰モデル

$$y_i = \alpha + \beta x_i + \varepsilon_i, \qquad i = 1, \ldots, n \tag{1}$$

より x から y を予測する問題を考える．次の問いに答えよ．

(1) 単回帰モデル (1) の意味を説明せよ．

(2) パラメータ α, β の最小二乗推定量が次となることを確かめよ．

$$\hat{\alpha} = \bar{y} - \hat{\beta}\bar{x}, \qquad \hat{\beta} = \frac{\displaystyle\sum_{i=1}^{n} y_i (x_i - \bar{x})}{\displaystyle\sum_{i=1}^{n} (x_i - \bar{x})^2}$$

ただし，$\bar{x} = n^{-1} \displaystyle\sum_{i=1}^{n} x_i, \ \bar{y} = n^{-1} \displaystyle\sum_{i=1}^{n} y_i$ である．

解 説 単回帰モデル (1)

$$y_i = \alpha + \beta x_i + \varepsilon_i$$

は，x の値を用いて y の値を予測しようとするモデルである．パラメータ α は切片，β は傾き，ε_i は誤差という．単回帰モデルは次のような性質を持つ．

- x と y が完璧な線形関係を除いて，全ての i について，$y_i = \alpha + \beta x_i$ となることはなく，誤差 ε_i は直線からの乖離の度合いを表している．ε_i は測定値ごとに異なる．

- パラメータ α と β は共に未知の値であり，データから推定する必要がある．通常傾き β が関心の対象である．x が 1 単位増減したときに，y は β の分だけ増減する．

- パラメータ α と β は，適当な目的関数の最大化あるいは最小化を行うことにより求めることができる．誤差 ε_i が平均 0 で同一の分散を持つ正規分布に従えば，α と β は正規分布の尤度関数の最大化を行い，最尤推定量を求めることができる．最尤推定量は，次の残差の 2 乗和

$$\mathrm{SS} = \sum_{i=1}^{n} \{y_i - (\alpha + \beta x_i)\}^2$$

を最小にするガウスの最小二乗推定量と一致することが知られている．

解答

(1) 2つの連続変数 x と y の関係は様々であり，最も単純な関係は次の線形関係 (モデル)

$$y_i = \alpha + \beta x_i + \varepsilon_i \qquad (i = 1, \ldots, n)$$

である．データ $(x_1, y_1), (x_2, y_2), \ldots, (x_n, y_n)$ を (x, y) 平面上に描き，x と y の間に強い直線的な関係があるときにこのモデルが妥当である．このモデルを単回帰モデルといい，適用するときに外れ値があるかどうかも留意する必要がある．回帰モデルの最も重要な応用の1つが，**説明変数** x を用いて，**反応変数 (被説明変数)** y を予測することである．

　パラメータ α, β の推定量を $\hat{\alpha}, \hat{\beta}$ を求め，真の観測値 y_i とは別に，**予測値**，$\hat{y}_i = \hat{\alpha} + \hat{\beta} x_i$，を求めることができる．この予測値と観測値の差 $e_i = y_i - \hat{y}_i$ を**残差**という．回帰モデルが妥当かどうかの検査方法の1つに，残差の解析が標準的である．残差にパターンが見られなければ当てはめがよいとされる．

(2) 残差2乗和 $\mathrm{SS} = \displaystyle\sum_{i=1}^{n} [y_i - (\alpha + \beta x_i)]^2$ を α, β について偏微分すると，

$$\frac{\partial}{\partial \alpha} \mathrm{SS} = -2 \sum_{i=1}^{n} [y_i - (\alpha + \beta x_i)] \tag{2}$$

$$\frac{\partial}{\partial \beta} \mathrm{SS} = -2 \sum_{i=1}^{n} [y_i - (\alpha + \beta x_i)] x_i \tag{3}$$

となる．式 (2) と (3) をゼロとおき，連立方程式を整理すると，次の**正規方程式** (normal equation) が得られる．

$$n\alpha + \left(\sum_{i=1}^{n} x_i \right) \beta = \sum_{i=1}^{n} y_i \tag{4}$$

$$\left(\sum_{i=1}^{n} x_i \right) \alpha + \left(\sum_{i=1}^{n} x_i^2 \right) \beta = \sum_{i=1}^{n} x_i y_i \tag{5}$$

　残差2乗和を最小にする α と β の値は，連立方程式 (4), (5) の解となる．正規方程式を解くと，次の解が得られる．

$$\hat{\alpha} = \bar{y} - \hat{\beta} \bar{x}, \qquad \hat{\beta} = \frac{\displaystyle\sum_{i=1}^{n} y_i (x_i - \bar{x})}{\displaystyle\sum_{i=1}^{n} (x_i - \bar{x})^2} \tag{6}$$

式 (6) より，回帰直線 $y = \hat{\alpha} + \hat{\beta} x$ はデータの中心 $(\bar{x}, \bar{y})$ を通ることがわかる．

問題 70　回帰分析・最尤推定　　標準

1　平均 μ, 分散 σ^2 をもつ正規母集団からの無作為標本 $y_1,\ldots,y_n$ に基づいて, 平均 μ の最尤推定量を求めよ.

2　次の単回帰モデル

$$y_i = \alpha + \beta x_i + \varepsilon_i, \qquad i = 1, \ldots, n$$

において, $x_1,\ldots,x_n$ は定数で, $\varepsilon_1,\ldots,\varepsilon_n$ は互いに独立で平均 0, 分散 σ^2 の正規分布に従うとする. このとき, α, β の最尤推定量 $\hat{\alpha}, \hat{\beta}$ は最小二乗推定量と一致することを示せ. すなわち,

$$\hat{\alpha} = \bar{y} - \hat{\beta}\bar{x}, \qquad \hat{\beta} = \frac{\sum_{i=1}^{n} y_i (x_i - \bar{x})}{\sum_{i=1}^{n} (x_i - \bar{x})^2}$$

ただし, $\bar{x} = n^{-1} \sum_{i=1}^{n} x_i$, $\bar{y} = n^{-1} \sum_{i=1}^{n} y_i$ である.

解説　確率変数 $y_1,\ldots,y_n$ が独立で, 確率（密度）関数 $f(y_i|\theta)$ を持つとする. 以下は議論を簡単にするため, 連続の場合を仮定し, また未知のパラメータ θ はスカラーであると仮定する. θ がベクトルの場合には, 微分を偏微分で置き換えれば, 本質的な議論は同じである.

独立性より $y_1,\ldots,y_n$ の同時確率密度関数 $f(y_1,\ldots,y_n|\theta)$ は周辺確率密度関数に分解される. すなわち,

$$f(y_1,\ldots,y_n|\theta) = f(y_1|\theta) \times \cdots \times f(y_n|\theta) = \prod_{i=1}^{n} f(y_i|\theta).$$

データ $y_1,\ldots,y_n$ が観測されたとき, 確率密度関数 $f(y_1,\ldots,y_n|\theta)$ は未知のパラメータ θ のみの関数となり, Fisher は

$$L(\theta) = \prod_{i=1}^{n} f(y_i|\theta)$$

を**尤度関数**と名付けた. 尤度関数 $L(\theta)$ が最大となる θ の値 $\hat{\theta}$ を**最尤推定量**と呼ぶ. 最尤推定量は, 標本数 n が大きいとき, よい性質を持つことが知られている.

尤度関数 $L(\theta)$ が θ に関して滑らか（1 次微分可能）であれば, 次のように最尤推定量を求めることができる. まず, **対数尤度**

$$\ell(\theta) = \log L(\theta) = \sum_{i=1}^{n} \log f(y_i|\theta)$$

を計算する．次に極値の必要条件から，**スコア関数**

$$s(\theta) = \frac{\partial}{\partial \theta} \ell(\theta) = \sum_{i=1}^{n} \frac{\partial}{\partial \theta} \log f(y_i | \theta)$$

を求め，最後に**尤度方程式**

$$s(\theta) = \sum_{i=1}^{n} \frac{\partial}{\partial \theta} \log f(y_i | \theta) = 0$$

を解けばよい．尤度方程式の解は最大値とは限らないので，必要があれば確認を行う．

解 答

1　条件より，μ に関する尤度関数と対数尤度関数は次のようになる．

$$L(\mu) = \prod_{i=1}^{n} f(y_i | \mu, \sigma^2) = \left(\tfrac{1}{\sqrt{2\pi}\sigma} \right)^n \exp\left\{ -\tfrac{1}{2\sigma^2} \sum_{i=1}^{n} (y_i - \mu)^2 \right\}$$

$$\ell(\mu) = -\frac{1}{2\sigma^2} \sum_{i=1}^{n} (y_i - \mu)^2 + c$$

ただし，c は μ と無関係の定数である．尤度方程式

$$\frac{\partial}{\partial \mu} \ell(\mu) = \frac{1}{\sigma^2} \sum_{i=1}^{n} (y_i - \mu) = 0$$

はただ 1 つの解 $\hat{\mu} = \bar{y}$ を持つ．$\hat{\mu}$ は標本平均であり，母平均 μ の最尤推定量である．

2　独立性および $y_i \sim N(\alpha + \beta x_i, \sigma^2)$ より，α, β に関する尤度関数と対数尤度関数は

$$L(\alpha, \beta) = \left(\frac{1}{\sqrt{2\pi}\sigma} \right)^n \exp\left\{ -\frac{1}{2\sigma^2} \sum_{i=1}^{n} (y_i - \alpha - \beta x_i)^2 \right\}$$

$$\ell(\alpha, \beta) = -\frac{1}{2\sigma^2} \sum_{i=1}^{n} (y_i - \alpha - \beta x_i)^2 + c \tag{1}$$

となる．ただし，c は α, β と無関係の定数である．式 (1) より，$\ell(\alpha, \beta)$ を最大にすることと，残差の 2 乗和

$$\sum_{i=1}^{n} (y_i - \alpha - \beta x_i)^2$$

を最小にすることが同値であることがわかる．すなわち，この場合の最尤推定量と最小二乗推定量は一致する．最尤推定と最小二乗推定は通常一致しないことに留意する．

| 問題 | 71 | 回帰直線の導出（アンスコムのデータ） | 基本 |

次の A 〜 D の 4 つのデータセット (x, y) について，以下の問いに答えよ．ただし，計算結果は小数点以下第 2 位までとする．

(1) x と y の各々の平均と分散を求めよ．
(2) x と y の相関係数を求めよ．
(3) 散布図を描け．
(4) x を説明変数，y を被説明変数としたときの，回帰式 $\hat{y} = \hat{\alpha} + \hat{\beta}x$ における $\hat{\alpha}$ と $\hat{\beta}$ を求めよ．

A 〜 D のデータ

A		B		C		D	
x	y	x	y	x	y	x	y
10	8.04	10	9.14	10	7.46	8	6.58
8	6.95	8	8.14	8	6.77	8	5.76
13	7.58	13	8.74	13	12.74	8	7.71
9	8.81	9	8.77	9	7.11	8	8.84
11	8.33	11	9.26	11	7.81	8	8.47
14	9.96	14	8.1	14	8.84	8	7.04
6	7.24	6	6.13	6	6.08	8	5.25
4	4.26	4	3.1	4	5.39	19	12.5
12	10.84	12	9.13	12	8.15	8	5.56
7	4.82	7	7.26	7	6.42	8	7.91
5	5.68	5	4.74	5	5.73	8	6.89

解 説 A 〜 D は，**アンスコムの数値例**（Anscombe's quartet）(1973) である．この 4 つのデータセットは，散布図が異なるにもかかわらず，いくつかの統計量や回帰式が一致してしまう現象を表している．単純にデータから回帰式を導出する前に，散布図を確認し，データの傾向を抑えることの重要性を示している．また，外れ値の影響を示すものでもある．散布図を眺めた上で，線形となる回帰式をあてはめて良いかどうか，外れ値を除く必要があるか否かを確認してみよう．

解 答

(1) A 〜 D のすべての x の平均は 9，y の平均は 7.50，x の分散は 11，y の分散は，A,B については 4.13，C,D については 4.12 である．

(2) 相関係数の式より，A について求めると

$$r = \frac{\sum_{i=1}^{n}(x_i-\bar{x})(y_i-\bar{y})}{\sqrt{\sum_{i=1}^{n}(x_i-\bar{x})^2}\sqrt{\sum_{i=1}^{n}(y_i-\bar{y})^2}} = 0.816\cdots$$

となることから，答えは 0.82 である．同様に残る B～ D も 0.82 である．

(3) 散布図は以下の通りである．

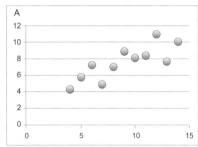
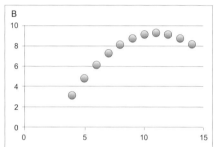

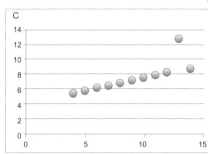
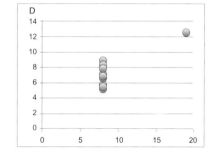

(4) 回帰式 $\hat{y}=\hat{\alpha}+\hat{\beta}x$ について，データから $\hat{\alpha}=\bar{y}-\hat{\beta}\bar{x}$, $\hat{\beta}=\dfrac{\sum_{i=1}^{n}(x_i-\bar{x})(y_i-\bar{y})}{\sum_{i=1}^{n}(x_i-\bar{x})^2}$ を求

めたい．ただし，$\bar{x}=\dfrac{1}{n}\sum_{i=1}^{n}x_i$, $y=\dfrac{1}{n}\sum_{i=1}^{n}y_i$ である．

A について導出すると，$\hat{\beta}=0.50$, $\hat{\alpha}=3.00$ であり，その回帰式は

$$\hat{y}=3.00+0.50x$$

となる．

B～ D の式も同様である．

| 問題 | 72 | 重回帰分析（説明変数が 2 つの場合） | 基本 |

　次の表は，6 人の学生に関する，大学入学後の成績評価のひとつである GPA（範囲：0～4），入学試験点数（範囲：0～600），入学後試験点数（範囲：0～100）をまとめたものである．説明変数として x_1 を入学試験点数，x_2 を入学後試験点数，被説明変数 y を GPA としたときの，回帰式 $\hat{y} = \hat{\alpha} + \hat{\beta}_1 x_1 + \hat{\beta}_2 x_2$ における $\hat{\alpha}$, $\hat{\beta}_1$, $\hat{\beta}_2$ を求め，GPA を入学試験点数と入学後試験点数から予測する式を求めよ．ただし，計算結果は小数点以下第 3 位までとする．

GPA と成績の関係

GPA	入学試験点数	入学後試験点数
1.7	550	40
2.3	350	60
2.8	400	70
3.1	450	80
3.4	500	90
3.8	600	80

解 説　**重回帰分析**とは，単回帰分析での説明変数を 2 つ以上に拡張した手法である．重回帰式を求めることだけではなく，得られた式の妥当性を検討する必要がある．

1. 重回帰モデル（説明変数が p 個）

$$y_i = \alpha + \beta_1 x_{1i} + \beta_2 x_{2i} + \cdots + \beta_p x_{pi} + \varepsilon_i, \qquad \varepsilon_i \sim N(0, \sigma^2)$$

から，回帰母数 $\alpha, \beta_1, \beta_2, \ldots, \beta_p$ を最小 2 乗法により推定する．
2. **自由度調整済寄与率**により，導出された回帰式の性能を評価する．
3. **変数選択**により，回帰式に用いる説明変数を選択する（全ての説明変数を式にとりいれる必要はない）．
4. **残差**と**テコ比**を検討し，回帰式の妥当性を検討する．

解 答

　回帰モデルを次のように仮定する．

$$y_i = \alpha + \beta_1 x_{1i} + \beta_2 x_{2i} + \varepsilon_i, \qquad \varepsilon_i \sim N(0, \sigma^2)$$

i 番目のデータに関する予測値 $\hat{y}_i$ と残差 e_i を次のように表し，

$$\hat{y}_i = \hat{\alpha} + \hat{\beta}_1 x_{1i} + \hat{\beta}_2 x_{2i}$$
$$e_i = y_i - \hat{y}_i = y_i - (\hat{\alpha} + \hat{\beta}_1 x_{1i} + \hat{\beta}_2 x_{2i})$$

残差平方和 $S_e = \displaystyle\sum_{i=1}^n e_i^2$ を最小にする $\hat{\alpha}, \hat{\beta}_1, \hat{\beta}_2$ を求めることで回帰式が導出される.

S_e を $\hat{\alpha}, \hat{\beta}_1, \hat{\beta}_2$ のそれぞれで偏微分し,

$$\frac{\partial S_e}{\partial \hat{\alpha}} = -2\sum_{i=1}^n (y_i - \hat{\alpha} - \hat{\beta}_1 x_{1i} - \hat{\beta}_2 x_{2i}) = 0$$

$$\frac{\partial S_e}{\partial \hat{\beta}_1} = -2\sum_{i=1}^n x_{1i}(y_i - \hat{\alpha} - \hat{\beta}_1 x_{1i} - \hat{\beta}_2 x_{2i}) = 0$$

$$\frac{\partial S_e}{\partial \hat{\beta}_2} = -2\sum_{i=1}^n x_{2i}(y_i - \hat{\alpha} - \hat{\beta}_1 x_{1i} - \hat{\beta}_2 x_{2i}) = 0$$

上述の式を整理して，正規方程式を得る.

$$n\hat{\alpha} + \hat{\beta}_1 \sum_{i=1}^n x_{1i} + \hat{\beta}_2 \sum_{i=1}^n x_{2i} = \sum_{i=1}^n y_i$$

$$\hat{\alpha} \sum_{i=1}^n x_{1i} + \hat{\beta}_1 \sum_{i=1}^n x_{1i}^2 + \hat{\beta}_2 \sum_{i=1}^n x_{1i} x_{2i} = \sum_{i=1}^n x_{1i} y_i$$

$$\hat{\alpha} \sum_{i=1}^n x_{2i} + \hat{\beta}_1 \sum_{i=1}^n x_{1i} x_{2i} + \hat{\beta}_2 \sum_{i=1}^n x_{2i}^2 = \sum_{i=1}^n x_{2i} y_i$$

これより,

$$\hat{\alpha} = \bar{y} - \hat{\beta}_1 \bar{x}_1 + \hat{\beta}_2 \bar{x}_2,$$

ただし, $\bar{y} = \dfrac{1}{n}\displaystyle\sum_{i=1}^n y_i, \quad \bar{x}_1 = \dfrac{1}{n}\displaystyle\sum_{i=1}^n x_{1i}, \quad \bar{x}_2 = \dfrac{1}{n}\displaystyle\sum_{i=1}^n x_{2i}.$

各変数の平方和と偏差積和を次のように定義する.

$$S_{11} = \sum_{i=1}^n (x_{1i} - \bar{x}_1)^2, \qquad S_{22} = \sum_{i=1}^n (x_{2i} - \bar{x}_2)^2, \qquad S_{12} = \sum_{i=1}^n (x_{1i} - \bar{x}_1)(x_{2i} - \bar{x}_2)$$

$$S_{1y} = \sum_{i=1}^n (x_{1i} - \bar{x}_1)(y_i - \bar{y}), \qquad S_{2y} = \sum_{i=1}^n (x_{2i} - \bar{x}_2)(y_i - \bar{y})$$

上式より,

$$\hat{\beta}_1 = \frac{S_{22}S_{1y} - S_{12}S_{2y}}{S_{11}S_{22} - S_{12}^2}$$

$$\hat{\beta}_2 = \frac{-S_{12}S_{1y} + S_{11}S_{2y}}{S_{11}S_{22} - S_{12}^2}$$

データから, $\hat{\alpha} = -0.871, \quad \hat{\beta}_1 = 0.002, \quad \hat{\beta}_2 = 0.09$ となり,

$$\hat{y} = -0.871 + 0.002\hat{x}_1 + 0.09\hat{x}_2$$

なお, $\hat{\beta}_0$ より, 推定された回帰式は点 $(\bar{x}_1, \bar{x}_2, \bar{y})$ を通ることに注意する.

| 問題 | 73 | 重回帰分析における検討事項 | 基本 |

問題 72 で求めた重回帰式について，以下の問いに答えよ．

(1) $S_{11}S_{22} - S_{12}^2 = 0$ であるなら，どのようなことが生じるだろうか．簡潔に記せ．

(2) 寄与率と自由度調整済寄与率を求めよ．ただし，計算結果は小数点以下第 2 位までとする．

(3) 重回帰分析において，寄与率ではなく自由度調整済寄与率を求める方がよいとされる理由を簡潔に記せ．

解 説　問題 72 で説明変数が 2 つであるときの，偏回帰係数 $\hat{\beta}_1, \hat{\beta}_2$ は次のように示された．

$$\hat{\beta}_1 = \frac{S_{22}S_{1y} - S_{12}S_{2y}}{S_{11}S_{22} - S_{12}^2}, \qquad \hat{\beta}_2 = \frac{-S_{12}S_{1y} + S_{11}S_{2y}}{S_{11}S_{22} - S_{12}^2}$$

$S_{11}S_{22} - S_{12}^2 = 0$ であるということは，$\hat{\beta}_1, \hat{\beta}_2$ が導出できないことを意味する．このように，$S_{11}S_{22} - S_{12}^2 = 0$ である状況を，**多重共線性**が存在するという．

$$S_{11}S_{22} - S_{12}^2 = 0 \iff \frac{S_{12}^2}{S_{11}S_{22}} = 1$$

$$\iff \frac{\left\{\displaystyle\sum_{i=1}^n (x_{1i} - \bar{x}_1)(x_{2i} - \bar{x}_2)\right\}^2}{\left\{\displaystyle\sum_{i=1}^n (x_{1i} - \bar{x}_1)^2\right\}\left\{\displaystyle\sum_{i=1}^n (x_{2i} - \bar{x}_2)^2\right\}}$$

$$\iff r_{x_1 x_2}^2 = 1$$

$$\iff r_{x_1 x_2} = \pm 1$$

上式より，多重共線性が存在するとは，x_1, x_2 の相関係数 $r_{x_1 x_2}$ が 1 もしくは -1 のときのことであると言い換えることができる．

x_1, x_2 の相関係数が 1 もしくは -1 であるということは，どのようなときであるだろうか．アンスコムの例にならい，散布図を描いて確かめてみよう．x_1, x_2 が直線上に描かれることが確認できるだろう．重回帰分析では，余計な説明変数をできるだけ排除したい．したがって，多重共線性が認められる変数があるならば，どちらか一方の変数だけで重回帰式を求めるだけで良い．この場合は，2 つの説明変数ではなく 1 つの，単回帰式を求めるだけで良いということになる．どちらの説明変数を式に入れるかは，目的変数と説明変数の関係から，より解釈しやすい方を採用すればよい．

また，完全に $r_{x_1 x_2} = \pm 1$ でなくても，非常に近い値を取る場合は，$S_{11}S_{22} - S_{12}^2 = 0$ に非常に近いことを意味するため，解が不安定になる．いきなり回帰式を求める前に，散布図を描いたり，説明変数の相関係数を求めるなどの検討を行った上で導出すること．また，式の導出に留まることなく，式の意味を理解しよう．

寄与率 R^2 は，決定係数とも呼ばれ，y の変動のうち，回帰による変動割合を示す．

$$R^2 = \frac{S_{yy} - S_e}{S_{yy}},$$

ただし，$S_{yy} = \sum_{i=1}^{n}(y_i - \bar{y})^2$, $S_R = \hat{\beta}_1 S_{1y} + \hat{\beta}_2 S_{2y}$ である．各平方和に対応する自由度は次の通りである．S_{yy} の自由度は $\phi_T = n-1$, S_R については，$\phi_R = 2, \phi_e = n-3$. ただし，n はデータ数である．また，y_i と $\hat{y}_i$ の相関係数は重相関係数と呼ばれ，次のように表される．重相関係数 R の 2 乗である R^2 が寄与率であることに注意しよう．

$$R = \frac{\sum\limits_{i=1}^{n}(y_i - \bar{y})(\hat{y}_i - \bar{\hat{y}})}{\sqrt{\sum\limits_{i=1}^{n}(y_i - \bar{y})^2 \sum\limits_{i=1}^{n}(\hat{y}_i - \bar{\hat{y}})}}$$

寄与率には，説明変数の増加により寄与率が大きくなる性質がある．本質的ではない寄与率増加を防ぐべく，自由度を用いて調整した寄与率を自由度調整済み寄与率 R^{*2} という．

$$R^{*2} = 1 - \frac{S_e/\phi_e}{S_{yy}/\phi_T}$$

解答

(1) $S_{11}S_{22} - S_{12}^2 = 0$ より，$r_{x_1 x_2} = \pm 1$. 2 つの説明変数 x_1, x_2 の相関係数 $r_{x_1 x_2}$ が 1 もしくは -1 となり，x_1 あるいは x_2 のどちらか片方が定まれば，もう片方も定まることを示している．つまり，多重共線性が認められる．よって，説明変数を 2 つ用いた重回帰式ではなく，説明変数はどちらか一方のみを用いた単回帰式を導出することになる．

(2) 寄与率 R^2 と自由度調整済寄与率 R^{*2} は，次のように求められる．

$$R^2 = \frac{S_R}{S_{yy}} = \frac{\hat{\beta}_1 S_{1y} + \hat{\beta}_2 S_{2y}}{\sum\limits_{i=1}^{n}(y_i - \bar{y})^2} = \frac{2.862}{2.895} = 0.9886 \cdots \simeq 0.99$$

$$R^{*2} = 1 - \frac{S_e/\phi_e}{S_{yy}/\phi_T} = 1 - \frac{0.213/(6-3)}{2.895/(6-1)} = 0.8774 \cdots \simeq 0.88$$

(3) 説明変数が多い方が，見かけ上の寄与率が大きくなる．このことは，意味のない説明変数を追加した回帰式を求めることに繋がるため望ましくない．そのために，自由度を用いて調整した寄与率である自由度調整済寄与率で検討することが重回帰分析においては望ましい．

| 問題 | 74 | 重回帰式の妥当性 | 基本 |

　問題 72 で求めた重回帰式の妥当性について，標準化残差を求め，検討せよ．標準化残差の値と，2 つの説明変数 x_1, x_2 との関係についてわかることを述べよ．

解 説　標準化残差は

$$e'_i = \frac{e_i}{\sqrt{V_e}}$$

である．ただし $e_i = y_i - \hat{y}_i$, $V_e = S_e/\phi_e$, $S_e = S_{yy} - S_R$, $\phi_e = n-3$ とする．標準化残差は $N(0, 1^2)$ に近似的にしたがう．

　「$|e'_i| \geq 2.5$ なら留意」「$|e'_i| \geq 3.0$ なら注意」と考え，標本が異常か否かを判断するときに用いる．異常が見つかれば，その対応する標本を外した上で解析を再度行う．

　説明変数 x_i を横軸，縦軸に e'_i をとり，散布図を描く．曲線的な傾向があれば，x^n 項を追加の上解析する．また，x の値の増加とともに e'_i に系統的な変化が見られたら，y について対数変換などの変換をかける．

　単回帰式であるならば，散布図との比較によりこれらの傾向を把握することはそれほど難しいことではないが，説明変数が多い重回帰式においては，散布図による直観的な理解は困難であることから，標準化残差を用いた検討が必要である．

解 答

　標準化残差 $e_i k' = \frac{e_i k}{\sqrt{V_e}}$，ただし $e_i = y_i - \hat{y}_i$，　$V_e = S_e/\phi_e$，　$S_e = S_{yy} - S_R$，$\phi_e = n-3$ である．

　$e_i = (-0.089, 0.131, 0.141, -0.049, -0.239, 0.351)$ $(i = 1, 2, \ldots, 6)$,
$V_e = 0.213/(6-3) = 0.071$ より，

$$e'_1 = \frac{e_1}{\sqrt{V_e}} = \frac{-0.089}{0.071} = -0.3340\cdots \simeq -0.33$$

$$e'_2 = \frac{e_2}{\sqrt{V_e}} = \frac{0.131}{0.071} = 0.4916\cdots \simeq 0.49$$

$$e'_3 = \frac{e_3}{\sqrt{V_e}} = \frac{0.141}{0.071} = 0.5291\cdots \simeq 0.53$$

$$e'_4 = \frac{e_4}{\sqrt{V_e}} = \frac{-0.049}{0.071} = -0.1838\cdots \simeq -0.18$$

$$e'_5 = \frac{e_5}{\sqrt{V_e}} = \frac{-0.239}{0.071} = -0.8969\cdots \simeq -0.90$$

$$e'_6 = \frac{e_6}{\sqrt{V_e}} = \frac{0.351}{0.071} = 1.3172\cdots \simeq 1.32$$

e_i' は，値の絶対値が「2.5 以上なら留意」「3.0 以上なら注意」することを考えた上で，標本が異常か否かを判断する．今回の標本において絶対値が 2.5 以上のものはなく，明らかに異常であるとは言えない．したがって，特に標本を外して解析を行う必要はないとみなすことができる．

また，説明変数 x_1 と x_2 を横軸，e_i' を縦軸にとって散布図を描くことで，曲線的傾向や残差のばらつきの系統的変化が見られるかを確認したが，この散布図からは見直しが必要となる傾向は確認できなかった．

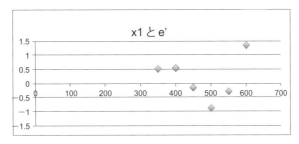

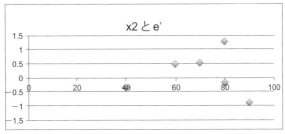

Chapter 7

観察研究と実験研究

研究の類型には大きく分けて実験研究と観察研究がある．実験研究は，グループ間の違いをできるだけなくす工夫を施す研究デザインである．一方，観察研究は，対象者に人為的介入を一切行うことなく，自然の状態で対象者を観察する研究を指す．この章では実験研究と観察研究の基本を学び，関連と因果の違いに焦点を当て，Fisher の 3 原則や，分散分析の基本について学ぶ．

| 問題 | 75 | 観察研究・実験研究 | 基本 |

　観察研究と実験研究に関する以下の①〜⑤の記述の正誤を判断せよ．

① 観察研究は，対象者に介入行為をしないで，自然の状態を観察する研究である
② 統計的な意味での実験研究は，必ずしも実験室で行われるものとは限らない
③ ランダム化比較試験は，観察研究に分類される
④ 観察研究で因果関係を調べることは，適切な実験研究よりも難しい
⑤ 全国の有権者を無作為に選択して政策への賛否を問う研究は，実験研究である

解説　**実験研究**は，対象者にある種の介入を行う研究である．

　介入とは，人を対象とした医学系研究においては「研究目的で，人の健康に関する様々な事象に影響を与える要因（健康の保持増進につながる行動及び医療における傷病の予防，診断又は治療のための投薬，検査等を含む．）の有無又は程度を制御する行為（通常の診療を超える医療行為であって，研究目的で実施するものを含む．）をいう．」と定義されている（参照：「人を対象とする医学系研究に関する倫理指針」文部科学省，厚生労働省　平成 26 年 12 月 22 日）．

　したがって，介入は，物理実験のように，実験室の中ですべての環境をコントロールできることを意味するわけではない．対象者を 2 つのグループに分けて一方のグループには禁煙指導，もう一方のグループには別の指導を行うというように，ある部分への介入を想定している．介入している内容以外については，2 つのグループの間の違いをできるだけ小さくする必要があり，介入を対象者にランダムに割り付ける無作為化（ランダム化）を行う，ランダム化比較試験と呼ばれるデザインをとるなどの工夫が行われる．

　観察研究は，対象者に介入を行うことなく，自然の状態を観察する研究である．例えば，病院の日常診療のデータを収集して分析する研究は，観察研究に分類される．観察研究では，原因と結果に当たる 2 つの変数の因果関係を考えるときに，原因の部分を研究者側が割付けることがないため，比較したいグループ間の様々な特徴が異なる場合がある．例えば，喫煙と心疾患の関係を調べる観察研究では，喫煙をしている人はしていない人に比べて元々健康意識の高い人が多くない可能性がある．

　代表的な実験デザインの分類は次の通りである．

● 介入実験（介入あり）
　− ランダム化比較試験（ランダム化（無作為割り付け）あり）
　− 非ランダム化比較試験（ランダム化（無作為割り付け）なし）
　その他，介入ありの実験例として，クロスオーバー試験などが挙げられる．

- 観察実験（介入なし）
  - 記述的研究（比較対照なし）
  - 分析的観察研究（比較対照あり）
    * 横断研究（原因と結果の測定を同時に行う）
    * 縦断研究（原因と結果の測定を異なる時点で行う）
      ・ コホート研究（発生評価の向きが前向き）
      ・ ケース・コントロール研究（発生評価の向きが後ろ向き）

解答

「①観察研究は，対象者に介入行為をしないで，自然の状態を観察する研究である」は，正しい．

「②統計的な意味での実験研究は，必ずしも実験室で行われるものとは限らない」は，正しい．

「③ランダム化比較試験は，観察研究に分類される」は，誤り．ランダム化比較試験は，介入を行う研究であるので，実験研究に分類される．

「④観察研究で因果関係を調べることは，適切な実験研究よりも難しい」は，正しい．観察研究では原因に当たる変数の異なるグループ間で，様々な特徴が異なる可能性があり，因果関係を調べるには注意を要する．

「⑤全国の有権者を無作為に選択して政策への賛否を問う研究は，実験研究である」は，誤り．無作為抽出（ランダムサンプリング）は無作為化とは異なる．母集団からの無作為抽出により標本における研究結果の母集団への一般化が担保されるが，無作為化は標本における介入方法の比較の妥当性を担保する操作である．

問題	76	関連と因果の違い（1）	基本

　以下の①〜③について，誤りを指摘せよ．

① ある調査によると，血圧と収入の間に正の関連があった．したがって，血圧を上げれば，収入が増えることが予想される．
② ある調査によると，救急車の出動件数が増加するに連れて，救急隊員も増加していた．したがって，救急患者を減らしたかったら，救急隊員を減らせばよい．
③ ある調査によると，教室に走って入ってくる大学生は遅刻である場合が多かった．だから，遅刻しないためには，走ることは止めた方が良い．

解説　データに基づいて**因果関係**を検討するには，**交絡**という現象に特に注意する必要がある．例えば，問題文中の①では，「血圧が高い人ほど収入が高い」という相関関係を「血圧を上げれば収入が増える」という因果関係に結び付けているが，実際には常識的にもそのような因果関係はない．

　このデータを適切に解釈するためには年齢という第 3 の要因による交絡の影響を考慮することが重要になる．血圧と収入の正の相関の背景には，年齢が高いほど血圧が上がるという傾向があり，また一般的に年齢が上がれば給料も高くなっていくという関係がある（図参照）．

交絡の模式図

　このように，原因と結果の両者に関連する第 3 の要因による影響で，関心のある因果がゆがめられてしまう現象を，交絡と呼ぶ．また，交絡とは，原因と結果の両方に関連する因子が存在することを意味する．このような両方に関連する因子を交絡因子と呼ぶ．関連と因果を区別するためには，データ発生過程に関する知識を活用して，この例での年齢のような交絡要因を適切にデータ解析で考慮する必要がある．

　交絡を回避するためにはどのような手段があるだろうか．これらの疑似相関に目を光らせ，交絡因子の存在を見つけることだけが回避方法ではない．積極的に交絡変数を除く，あるいは制御するためには，次のような研究デザインが採用されることがある．代表的なものを以下に記す．しかし，ランダム化比較試験を行った実験研究であっても，交絡は完全に制御できるわけではないことにも注意が必要である．

○研究デザイン時の制御
● ランダム化
　興味のある要因をランダムに研究対象に割付ける．ランダム化により未知の交絡因子

も制御できるため，現実的に最も望ましい交絡の制御方法であることが知られている．ただし，例えば喫煙をランダムに割付けることなどは倫理上認められないため，現実的な制約を踏まえた上で実施の可否を判断する必要がある．

● マッチング

コホート研究におけるマッチングは，交絡因子の制御の1つの方法である．マッチングとは，性別や年齢などの特定の交絡因子が群間で同一の分布になるように，曝露を受けている対象者に対して，性別や年齢が一致する曝露を受けていない対象者を選定し，組みを作ることを指す．

ここで，コホート研究とは，介入を行わない観察研究のうち，特定の要因に曝露した集団と曝露していない集団を一定期間追跡し，研究対象となる疾病の発生率等を比較することにより，要因と疾病発生の関連を調べる研究のことである．

この他にも，データ解析時の考慮方法として，層別 (Stratification)，標準化 (Standardization)，回帰モデルを用いる方法などが知られている．

● コホート研究

介入を行わない観察実験のうち，比較対象がある分析的観察研究である．また，要因とアウトカム測定を異なる時点で行う縦断研究の一種で，観察の向きは前向きである．特定の要因に曝露した集団と曝露していない集団を一定期間追跡し，研究対象となる疾病の発生率を比較することにより，要因と疾病発生の関連を調べることから，要因対照研究と呼ばれることもある．なお，研究の向きが「前向きである」とは，研究立案，開始の後に新たに生じる事象について調査をすることを指す．一方，「後ろ向き」とは，過去の事象を調査することを指す．前向き研究は，交絡因子を事前に把握することにより，偏りの制御が可能となるが，研究結果が得られるまでにかなりの時間を要することが知られている．

● ケース・コントロール研究

ある時点で，疾患に罹患している人（これをケースとする）と疾患に罹患していない人（これをコントロールとする）を集め，ケースとコントロールの間でどのような暴露要因（血圧，喫煙歴など）の違いがあるかを検討する研究手法．短期間で多くの症例を集めることが可能であるため，ゲノム研究では最もよく使われている．ただし，ケース群やコントロール群のサンプル収集や暴露要因データにバイアスが生じやすいため，研究を行う際には，種々のバイアスに十分な注意が必要である．また，コホート研究と異なり，疾患の発症率などは計算できない（参照：実験医学増刊 Vol.27 No.12, 2009 年）．コホート研究とは異なり，後ろ向き研究である．

解 答

①〜③全てにおいて，データ上の関連を因果関係に結びつけていることに問題がある．

①は，解説に記載したように年齢による交絡で説明される．

②と③については，それぞれ「救急患者が増えたので，救急隊員を増やした」「遅刻をしそうだから走った」というのが真実で，因果関係を逆に解釈してしまった例である．

| 問題 | 77 | 関連と因果の違い（2） | 基本 |

　ある手術後の合併症を予防するための新薬の既存薬に対する効果を調べるため，観察研究を行った．日常診療では，元々の重症度が高い人には新薬，重症度が低い人には既存薬が投与される傾向にあった．表1に全体での結果のクロス集計表，表2と表3に重症度別のクロス集計表を示す．

表1　全集団でのクロス集計表

	合併症あり	合併症なし	合計
新薬	141 (47%)	159	300
既存薬	105 (35%)	195	300

表2　重症度が高いグループでのクロス集計表

	合併症あり	合併症なし	合計
新薬	135 (50%)	135	270
既存薬	30 (60%)	20	50

表3　重症度が低いグループでのクロス集計表

	合併症あり	合併症なし	合計
新薬	6 (20%)	24	30
既存薬	75 (30%)	175	250

　全体の結果によると（表1），新薬の方が既存薬よりも合併症ありの割合が高くなっているが，重症度で分けた場合には，重症度が高いグループでも低いグループでも，新薬の方が合併症ありの割合は低い（表2，表3）．今，あなたがこの手術を受けた場合，新薬を選択したほうが良いか，既存薬を選択したほうが良いか，答えよ．

解説　表1～表3は，全体集合で確認される統計的な関連の方向性が，部分集団に層別して確認される関連と逆になる例である．このような現象は，Edward Simpson の指摘によって有名になったため，**Simpson のパラドックス**と呼ばれている．

　Simpson のパラドックスは部分に着目したときと全体で纏めて論じるときに，結論が逆転する現象を指す．Pavlides and Perlman (2009) は，$2 \times 2 \times 2$ の分割表から，無作為に（でたらめに）1つ選んだとき，Simpson のパラドックスが起きる確率は約 1/60 であることを証明した．この確率はコインを投げて，表が続けて6回出る確率（1/64）とほぼ等しい（参考：Pavlides and Perlman (2009). The American Statistician, 63 (3): 226–233）．

　今回の例では，重症度が薬剤選択にも合併症の有無にも影響を与える交絡因子になっているため，重症度で層別した結果を使用するべきである．

解 答

全集団での結果は重症度による交絡が生じているため，重症度別のデータで比較する方が望ましい．したがって，ここにある情報のみで判断するのであれば，重症度別のデータを信用して新薬を選択する．

□ **Simpson のパラドックスは，なぜ「パラドックス」なのか**

パラドックスとは，逆理，逆説とも呼ばれる．「ある命題から正しい推論によって導き出されているようにみえながら，結論で矛盾をはらむ命題」「事実に反する結論であるにもかかわらず，それを導く論理的過程のうちに，その結論に反対する論拠を容易に示しがたい論法」（参照：大辞泉，小学館）とされる．「Simpson のパラドックス」とは，この問題のように，集団全体とその内部にある部分集団に注目した時では，一見矛盾したような結論が導かれてしまうことを指す．しかし，Simpson(1951) には「パラドックス」という表現はない．Blyth(1972) が "On Simpson's paradox and the sure-thing principle." にて用いた例を，私たちは Simpson のパラドックスとして良く目にしているのである．では，Simpson が論文で伝えたかったことは何だろうか．統計的な関連の方向性が全体集合と部分集合では逆になる例は論文中に見当たらない．Simpson は，同一データであっても，"sensible interpretation（分別のあるそれらしい解釈）" ができる分析方法は，状況や文脈により異なることを示している．Simpson はデータ例として，赤ちゃんがトランプで遊んでいたために汚れが一部のカードについた状況を作り，汚れの有無とトランプの絵柄カードと数字カード，色の区別（赤と黒）に関する確率を表現した．

	汚れあり		汚れなし	
	絵柄カード	数字カード	絵柄カード	数字カード
赤	4/52	8/52	2/52	12/52
黒	3/52	5/52	3/52	15/52

そして，同じ数値を用いて，トランプではなく色の区別を生死，汚れの有無を男女，絵柄カードを治療なし，数字カードを治療ありとして示した．その上で，同一データでも sensible interpretation は異なるとしている．

さらに，sensible interpretation は直感により判断するものであると Simpson は述べている．出版年から推察するに，まだ因果推論の考えが浸透していない時代であったことから，やむを得なかったと思わざるを得ない．データドリブンの時代である現在において，私たちが現在用いている統計的手法とその解釈は，変容していく可能性があるのだろうか．

| 問題 | 78 | 関連と因果の違い（3） | 基本 |

　糖尿病患者の血糖値を下げる新薬の心疾患抑制効果を調べるために，ランダム化比較試験を行った．全体として患者の 50% に新薬が投与され，残りの 50% には既存薬が投与された．治療開始後 1 年以内に心疾患を発症したかどうかが評価された．表 1 に全集団での結果のクロス集計表，表 2 と表 3 に治療開始後 3 か月時点で血糖値が一定以上下がったかどうかで分類したクロス集計表を示す．

表 1　全集団でのクロス集計表

	心疾患あり	心疾患なし	合計
新薬	30 (30%)	70	100
既存薬	47 (47%)	53	100

表 2　血糖値が下がったグループでのクロス集計表

	心疾患あり	心疾患なし	合計
新薬	20 (25%)	60	80
既存薬	3 (25%)	9	12

表 3　血糖値が下がらなかったグループでのクロス集計表

	心疾患あり	心疾患なし	合計
新薬	10 (50%)	10	20
既存薬	44 (50%)	44	88

　表 1〜表 3 によれば，Simpson のパラドックスが生じている．すなわち，全体集合で確認される統計的な関連は負（新薬での発生割合は既存薬での発生割合よりも低い）のに対して，血糖値減少で分類した部分集団に層別して確認される関連は 0 である．このとき，以下の問いに答えよ．

(1) 全体として，新薬は有効であるか，そうでないか．
(2) この状況で，Simpson のパラドックスが生じる理由について説明せよ．

解 説

前問と同じ Simpson のパラドックスが生じている例であるが，今回の例では，血糖値減少が研究開始後に測定される中間変数であるため，血糖値減少の程度で層別をすると，それを媒介することによってもたらされる治療効果を観察することができなくなる．したがって，この例では，治療割付けのランダム化を行っている全体集団での結果を使用するべきである．

中間変数の模式図

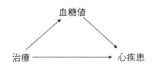

交絡因子として解析時に考慮すべきかどうかについては，以下の交絡因子の 3 つの必要条件が参考になる．(1) 処置や治療（原因）と関連する．(2) アウトカム（結果）と関連する．(3) 原因-結果間の中間変数ではない．

解 答

(1) 有効である．

(2) 血糖値の減少が，新薬の心疾患の抑制効果を完全に媒介する中間変数であるため，血糖値減少の程度で層別すると，治療グループ間で差が見られない．一方で，新薬では 80% の対象者で血糖値減少がみられており，12% で減少した既存薬と比べて血糖値の抑制効果が大きい．また，血糖値が抑制されると心疾患は予防されると考えられる．したがって，全体では新薬の心疾患に対する抑制効果が観察された．

| 問題 | 79 | Fisher の 3 原則 | 基本 |

　統計的な実験計画における Fisher の 3 原則とは何か，用語とその目的について簡潔に説明せよ．

解説　統計的な実験研究は，処置として設定した要因の水準間で観察された差異が偶然によるものか，治療効果によるものかを区別することが重要である．実験の目的は，特性値と呼ばれるアウトカム（農事試験であれば，穀物の収穫量など）に影響を与える因子とその効果の大きさの把握をすることである．Fisher による実験計画の 3 つの原則は次のとおりである．

● 反復：同一条件で実験したとしてもデータはばらつくため，同じ処置を少なくとも 2 つ以上の実験単位（農事試験における一定面積の農地，動物実験における動物，臨床試験における対象者など）に行うこと．誤差的バラツキの大きさ自体を評価し，推定の精度を向上する（検定の検出力を上げる）ことを目的とする．反復数（サンプルサイズ）は，処置を受ける実験単位の数である．反復を行わないということは，各処置のサンプルサイズが 1 であることであり，関心のある処置間の平均的な差（処置効果）と処置内での誤差的バラツキの区別ができなくなってしまうため，実験研究では必ず反復を行う必要がある．サンプルサイズは，実際に意義のある処置効果が実際にあった場合に，十分高い確率で統計的に有意差が見だされるように決定する．

● ランダム化：処置の各水準を実験単位（対象者など）にランダムに割付けること．均質な集団同士の比較により，処置効果をバイアスなく推定することを目的とする．実験に伴う誤差としては，偶然誤差と系統誤差が考えられる．偶然誤差は誤差的なバラツキの事であり，各実験単位において確率的に生じる誤差である．反復の実施により，その大きさを推定することができる．例えば，農事試験における肥沃度や，臨床試験における患者背景の偶然による不均一性などである．系統誤差は，見出したい真の処置効果から，特定の方向に偏った差異（バイアス）のことである．この系統誤差の影響を防ぐために，ランダム化が行われる．

● 局所管理：実験の場を同種のブロックに区切って，局所的に実験条件の均一性を保つこと．処置効果の推定精度はブロック内の誤差的バラツキの程度により決定されるため，これにより実験をより効率的にすることを目的とする．農事試験においては，場所が離れると肥沃度や日当たりが異なることが予想されるため，一定の農地面積ごとにブロックを作って，その中でランダム化を行う．あるいは，ある疾患にかかった患者を対象とする臨床試験においては，重症度でブロックを作って，各重症度の水準においてランダム化を行うことが考えられる．

解 答

● 反復：同一条件で実験したとしてもデータはばらつくため，同じ処置を少なくとも 2 つ以上の実験単位（農事試験における一定面積の農地，動物実験における動物，臨床試験における対象者など）に行うこと．誤差的バラツキの大きさ自体を評価し，推定の精度を向上する（検定の検出力を上げる）ことを目的とする．

● ランダム化：処置の各水準を実験単位（対象者など）にランダムに割付けること．均質な集団同士の比較により，処置効果をバイアスなく推定することを目的とする．

● 局所管理：実験の場を同種のブロックに区切って，局所的に実験条件の均一性を保つこと．処置効果の推定精度はブロック内の誤差的バラツキの程度により決定されるため，これにより実験をより効率的にすることを目的とする．

□ Fisher とロザムステッド農事試験場ブロードバーク農地

　R.A. Fisher(1890-1962) は，その研究成果だけではなく統計学の歴史として語られることが多い（参照：『統計学を拓いた異才たち』日本経済新聞社）．この Fisher の多大なる業績を生み出したのが，ロザムステッド農事試験場ブロードバーク農地である．この農事試験場は，イギリスの農業の大変革になる化学肥料産業の始まりにも寄与している．試験場の設立者である Lawes 卿は，納屋を化学実験室として硫酸等の酸と無機リン酸塩を混合した肥料の実験を行っていた．それに化学者である Gilbert が協力し，様々な農業試験を行ったのである．彼らは観察や実験によるデータをすべて公開した．その結果，肥料のみを与え続けた農地に対し，堆肥を十分に与えた農地からは約 3 倍以上の小麦が収穫できることを発見した．

　第 1 次世界大戦の後の再建において，農化学者の Russel は，ロザムステッドにおける記録が統計解析可能なレベルか否か，必要なだけ時間をかけて調べることを求められた．その際に雇い入れられたのが Fisher である．

　データの精査や必要なだけ時間をかけて調査することの重要性は，効率を求める現代において忘れられがちである．Fisher の業績に触れるにあたり，この重要性について振り返るゆとりが求められているように思われる．

| 問題 | *80* | 分散分析における尤度比検定と **F** 検定 | 基本 |

1 元配置分散分析モデル $Y_{ij} = \mu_i + \varepsilon_{ij}$ を考える（ただし，$i=1,\ldots,a$; $j=1,\ldots,m$）．誤差 ε_{ij} は互いに独立に正規分布 $N(0,\sigma^2)$ にしたがっているとする．帰無仮説：$\mu_i = \mu$ に対する尤度比検定は，標本群間平均平方と標本群内平均平方の比（F 検定）に帰着することを示せ．できれば，その分布が F 分布と呼ばれる分布になることも示せ．

解 説

1 元配置分散分析モデル $Y_{ij} = \mu_i + \varepsilon_{ij}$ は，実験計画の枠組みの中で Fisher により提案された，正規分布に従う多群の平均値の比較を行うための統計モデルである．尤度比検定は，帰無仮説の下での最大尤度と，対立仮説の下での最大尤度の比を LR (likelihood ratio) として，$-2\log(LR)$ が，帰無仮説の下で自由度を（対立仮説の下でのパラメータ数 − 帰無仮説の下でのパラメータ数）とするカイ 2 乗分布に漸近的に従うことから，検定を行うことができる．

解 答

帰無仮説の下では，尤度関数 $L(\mu_1, \mu_2, \ldots, \mu_a, \sigma^2)$ は以下のように書き表せる．

$$L_{H_0}(\mu_1, \mu_2, \ldots, \mu_a, \sigma^2) = \prod_{i=1}^{a} \prod_{j=1}^{m} (2\pi\sigma^2)^{-1/2} \exp\left\{ -\frac{(y_{ij} - \mu)^2}{2\sigma^2} \right\}$$

$$= (2\pi\sigma^2)^{-N/2} \exp\left\{ -\frac{\sum_{i=1}^{a} \sum_{j=1}^{m} (y_{ij} - \mu)^2}{2\sigma^2} \right\} \quad (1)$$

ここで N は総対象者数 $(=am)$ である．対数尤度関数は，

$$l_{H_0}(\mu_1, \mu_2, \ldots, \mu_a, \sigma^2) = -\frac{N}{2} \log(2\pi\sigma^2) - \frac{\sum_{i=1}^{a} \sum_{j=1}^{n_i} (y_{ij} - \mu)^2}{2\sigma^2}$$

となる．上式より帰無仮説の下での制限付き最尤推定量は，

$$\hat{\mu} = \bar{y}_{\bullet\bullet} = \frac{\sum_{i=1}^{a} \sum_{j=1}^{m} y_{ij}}{N}, \qquad \hat{\sigma}^2 = \frac{\sum_{i=1}^{a} \sum_{j=1}^{m} (y_{ij} - \bar{y}_{\bullet\bullet})^2}{N} \quad (2)$$

で与えられる．同様に，対立仮説の下での尤度関数及び対数尤度関数は，以下で与えられる．

$$L_{H_1}(\mu_1, \mu_2, \ldots, \mu_a, \sigma^2) = \prod_{i=1}^{a} \prod_{j=1}^{m} (2\pi\sigma^2)^{-1/2} \exp\left\{ -\frac{(y_{ij} - \mu_i)^2}{2\sigma^2} \right\}$$

$$= (2\pi\sigma^2)^{-N/2} \exp\left\{ -\frac{\sum_{i=1}^{a} \sum_{j=1}^{m} (y_{ij} - \mu_i)^2}{2\sigma^2} \right\}$$

$$l_{H_1}(\mu_1, \mu_2, \ldots, \mu_a, \sigma^2) = -\frac{N}{2}\log(2\pi\sigma^2) - \frac{\sum_{i=1}^{a} \sum_{j=1}^{m} (y_{ij} - \mu_i)^2}{2\sigma^2} \tag{3}$$

以上より対立仮説の下での最尤推定量は,

$$\hat{\mu}_i = \bar{y}_{i\bullet} = \frac{\sum_{j=1}^{m} y_{ij}}{m} \quad (i = 1, 2, \ldots, a), \quad \tilde{\sigma}^2 = \frac{\sum_{i=1}^{a} \sum_{j=1}^{m} (y_{ij} - \bar{y}_{i\bullet})^2}{N} \tag{4}$$

となる.

(1)〜(4) より, 最大尤度の比は

$$LR = \frac{\max L_{H_0}(\mu_1, \mu_2, \ldots, \mu_a, \sigma^2)}{\max L_{H_1}(\mu_1, \mu_2, \ldots, \mu_a, \sigma^2)} = \frac{L_{H_0}(\hat{\mu}, \hat{\mu}, \ldots, \hat{\mu}, \hat{\sigma}^2)}{L_{H_1}(\hat{\mu}_1, \hat{\mu}_2, \ldots, \hat{\mu}_a, \tilde{\sigma}^2)}$$

$$= \frac{(2\pi\hat{\sigma}^2)^{-N/2} \exp\left\{ -\frac{\sum_{i=1}^{a} \sum_{j=1}^{m} (y_{ij} - \hat{\mu})^2}{2\hat{\sigma}^2} \right\}}{(2\pi\tilde{\sigma}^2)^{-N/2} \exp\left\{ -\frac{\sum_{i=1}^{a} \sum_{j=1}^{m} (y_{ij} - \hat{\mu}_i)^2}{2\tilde{\sigma}^2} \right\}} = \frac{(\hat{\sigma}^2)^{-N/2} \exp(-N/2)}{(\tilde{\sigma}^2)^{-N/2} \exp(-N/2)}$$

$$= \left(\frac{\hat{\sigma}^2}{\tilde{\sigma}^2} \right)^{-N/2} = \left(\frac{S_T}{S_W} \right)^{-N/2} = \left(1 + \frac{S_B}{S_W} \right)^{-N/2} = \left(1 + \frac{a-1}{N-a}F \right)^{-N/2} \tag{5}$$

となる. ここで,

$$S_T = \sum_{i=1}^{a} \sum_{j=1}^{m} (y_{ij} - \bar{y}_{\bullet\bullet})^2, \qquad S_B = \sum_{i=1}^{a} \sum_{j=1}^{m} (\bar{y}_{i\bullet} - \bar{y}_{\bullet\bullet})^2 = m \sum_{i=1}^{a} (\bar{y}_{i\bullet} - \bar{y}_{\bullet\bullet})^2,$$

$$S_W = \sum_{i=1}^{a} \sum_{j=1}^{m} (y_{ij} - \bar{y}_{i\bullet})^2, \qquad F = \frac{S_B/(a-1)}{S_W/(N-a)}$$

である. (5) の最終式より LR は F と単調な関係にあるから, LR 及び F に基づく仮説検定方式の棄却域は有意水準 α 毎に同一である.

次に, F の分布が F 分布と呼ばれる分布になることについて述べる. 一般に自由度 (p, q) の F 分布は自由度 p 及び q のカイ二乗分布に従う独立な確率変数 U, V を用いて定義される確率変数 $(U/p)/(V/q)$ の従う分布である. また, (5) の式について S_B/σ^2 及び S_W/σ^2 は帰無仮説の下でそれぞれ自由度 $(a-1)$ 及び $(N-a)$ のカイ 2 乗分布に従い, 互いに独立であることを示すことができる. したがって,

$$F = \frac{S_B/(a-1)}{S_W/(N-a)} = \frac{(S_B/\sigma^2)(a-1)}{(S_W/\sigma^2)(N-a)}$$

は帰無仮説の下で自由度 $(a-1, N-a)$ の F 分布に従う.

Chapter 8

統計調査と標本抽出

この章では，まず統計調査や標本調査の基礎的な事項や
考え方を整理する．その上で，様々な標本抽出の方法に
ついてその特徴を学ぶとともに，標本から母集団を推定
する方法についても学ぶ．

問題　81　公的統計制度　　　　　　　　　　　　　標準

1　基幹統計調査と一般統計調査とは何か説明せよ．
2　公的統計調査データの二次利用の方法について説明せよ．

解　説　統計は合理的な意思決定を行う基盤となる情報であり，行政機関等が作成する統計は公的統計と呼ばれる．公的統計のうち国勢統計や国民経済計算など特に重要な統計は，統計法（平成 19 年法律第 53 号）によって「基幹統計」に指定されている．

統計を作成するため，個人や法人などに対して報告を求める調査が統計調査であり，基幹統計を作成するための調査が「**基幹統計調査**」，その他の統計を作成するために行政機関が行う調査が「**一般統計調査**」である．基幹統計は特に重要な統計であるため，調査対象となった個人や法人等には報告の義務がある．以下は統計法からの抜粋である．

第二条 4　この法律において「基幹統計」とは，次の各号のいずれかに該当する統計をいう．
　一　第五条第一項に規定する国勢統計
　二　第六条第一項に規定する国民経済計算
　三　行政機関が作成し，又は作成すべき統計であって，次のいずれかに該当するものとして総務大臣が指定するもの
　　イ　全国的な政策を企画立案し，又はこれを実施する上において特に重要な統計
　　ロ　民間における意思決定又は研究活動のために広く利用されると見込まれる統計
　　ハ　国際条約又は国際機関が作成する計画において作成が求められている統計その他国際比較を行う上において特に重要な統計
　6　この法律において「基幹統計調査」とは，基幹統計の作成を目的とする統計調査をいう．
　7　この法律において「一般統計調査」とは，行政機関が行う統計調査のうち基幹統計調査以外のものをいう．
第十三条 2　前項の規定により報告を求められた個人又は法人その他の団体は，これを拒み，又は虚偽の報告をしてはならない．

統計調査によって得られた情報は統計の形で公表され，調査において各個人や法人等が提供した情報は保護される．一方で公的統計は社会全体で利用されるべき情報であり，公表された以外の形で統計を利用したい場合もある．学術研究の発展など公益性の高い目的のためには，公的統計調査データを二次利用する方法が用意されており，オーダーメード集計の利用，匿名データの利用，調査票情報の利用という三つがある．

オーダーメード集計は，統計調査を行った行政機関等に対し，公表された統計以外の新たな形で統計の作成を委託するものである．利用者は個別の調査データに触れることはない．

匿名データの利用は，調査対象となった個人や法人等が特定されないよう加工された調査データを利用するものである．匿名化されているとはいえ，データは適正に管理することが義務づけられ，利用後は返却することが求められている．

調査票情報の利用は，匿名化されていない元の調査票情報を利用するものである．情

報セキュリティが確保されたオンサイト施設（令和元年 8 月現在では 11 施設）での利用が主に想定されている.

　いずれの方法であっても, 利用にあたっては所定の申請手続きや審査, 手数料が必要であり, 利用した者の情報は公開される. 以下は統計法からの抜粋である.

　第三十二条　行政機関の長又は指定独立行政法人等は, 次に掲げる場合には, その行った統計調査に係る調査票情報を利用することができる.

　　一　統計の作成又は統計的研究（以下「統計の作成等」という.）を行う場合
　　二　統計調査その他の統計を作成するための調査に係る名簿を作成する場合

　第三十三条　行政機関の長又は指定独立行政法人等は, 次の各号に掲げる者が当該各号に定める行為を行う場合には, 総務省令で定めるところにより, これらの者からの求めに応じ, その行った統計調査に係る調査票情報をこれらの者に提供することができる.

　　一　行政機関等その他これに準ずる者として総務省令で定める者　統計の作成等又は統計調査その他の統計を作成するための調査に係る名簿の作成
　　二　前号に掲げる者が行う統計の作成等と同等の公益性を有する統計の作成等として総務省令で定めるものを行う者　当該総務省令で定める統計の作成等

　第三十三条の二　行政機関の長又は指定独立行政法人等は, 前条第一項に定めるもののほか, 総務省令で定めるところにより, 一般からの求めに応じ, その行った統計調査に係る調査票情報を学術研究の発展に資する統計の作成等その他の行政機関の長又は指定独立行政法人等が行った統計調査に係る調査票情報の提供を受けて行うことについて相当の公益性を有する統計の作成等として総務省令で定めるものを行う者に提供することができる.

　第三十四条　行政機関の長又は指定独立行政法人等は, その業務の遂行に支障のない範囲内において, 総務省令で定めるところにより, 一般からの委託に応じ, その行った統計調査に係る調査票情報を利用して, 学術研究の発展に資する統計の作成等その他の行政機関の長又は指定独立行政法人等が行った統計調査に係る調査票情報を利用して行うことについて相当の公益性を有する統計の作成等として総務省令で定めるものを行うことができる.

　第三十五条　行政機関の長又は指定独立行政法人等は, その行った統計調査に係る調査票情報を加工して, 匿名データを作成することができる.

　　2　行政機関の長は, 前項の規定により基幹統計調査に係る匿名データを作成しようとするときは, あらかじめ, 統計委員会の意見を聴かなければならない.

　第三十六条　行政機関の長又は指定独立行政法人等は, 総務省令で定めるところにより, 一般からの求めに応じ, 前条第一項の規定により作成した匿名データを学術研究の発展に資する統計の作成等その他の匿名データの提供を受けて行うことについて相当の公益性を有する統計の作成等として総務省令で定めるものを行う者に提供することができる.

解答

1　行政機関等が作成する統計は公的統計と呼ばれ, 特に重要な統計は統計法によって基幹統計に指定されている. 統計を作成するための調査が統計調査であり, 基幹統計を作成するための統計調査が「基幹統計調査」, それ以外の統計を作成するために行政機関等が行う調査が「一般統計調査」である.

2　公的統計調査データを二次利用するには三つの方法がある. オーダーメード集計は公表された統計以外の新たな形での統計の作成を委託する方法, 匿名データの利用は個人や法人等が特定されないよう加工された調査データを利用する方法, 調査票情報の利用は主にオンサイト施設において元の調査データを利用する方法である.

| 問題 | 82 | 確率抽出法と非確率抽出法 | 標準 |

1　確率抽出法と非確率抽出法の定義を述べよ．

2　以下の抽出法は，それぞれ確率抽出法と非確率抽出法のいずれであるか，理由とともに述べよ．

(a) 標本 100 人を選ぶのに，調査実施者が以前から知っている 2 人は標本に含めることとし，残りの 98 人は等確率で無作為に選んだ．

(b) ある県の住民を母集団とする調査を実施するとき，調査員の負担を軽減するため，島しょ部の住民は標本には選ばないこととし，島しょ部以外から等確率で無作為に標本 1,000 人を選んだ．

(c) まず対象地域の中である住居を等確率で無作為に選び，そこから 5 軒おきに，調査に協力してもらえる世帯が 20 世帯になるまで抽出を続けた．

3　確率抽出法を用いるメリットを簡潔に述べよ．

解説　標本の抽出方法は，**確率抽出法**と**非確率抽出法**の二つに大きく分けられる．

　確率抽出法とは，全ての可能な標本のそれぞれに対して，それが標本として選ばれる確率を与え，その確率に従って標本を抽出する方法のことである．例えば母集団 10 人から重複しない 2 人を標本として抽出する場合を考えよう．10 人から 2 人を選ぶ組み合わせは全部で $_{10}C_2 = 45$ 通りある．各組み合わせが選ばれる確率を例えば 1/45 として，どれか一つの組み合わせを選ぶ方法は確率抽出法である．

　確率抽出法では，母集団の全ての要素に対し，それぞれ標本として選ばれる確率（**包含確率**という）が与えられる．例えば母集団 10 人から 2 人を選ぶときの 45 通りの組み合わせにおいて，どれか一つを等確率で選ぶものとする．ある特定の一人に着目すると，その人が含まれる組み合わせは 45 通りのうち $_9C_1 = 9$ 通りあるので，その人の包含確率は $9 \times 1/45 = 1/5$ となる．母集団が 1 億人など非常に大きいときには，組み合わせの数も膨大になるが，理論的には各要素の包含確率を計算することができる．

　包含確率は要素の間で異なってもよいし，要素によっては包含確率が 1 であってもよい．全数抽出は，全要素の包含確率が 1 である確率抽出法とみなすこともできる．ただし確率抽出法では，母集団のどの要素も包含確率は 0 より大きくなければならない．包含確率が 0 ということは，標本として絶対に選ばれないということを意味するからである．

　非確率抽出法とは，確率抽出法以外の全ての標本抽出方法のことである．抽出を行う

者の主観によらず客観的な手続きで標本を抽出したとしても，各要素の包含確率を計算できなければ非確率抽出法である．また，要素によっては包含確率が 0 となる抽出方法も，非確率抽出法に分類される．

　代表的な非確率抽出法としては**有意抽出法**がある．有意抽出法はいくつかの変数に着目し，それらの平均や割合などが母集団と標本の間でなるべく等しくなるよう標本を（集落）抽出する方法である．また**割当法**は，例えば性別や年齢層などいくつかの変数に着目し，それらの変数の標本における分布があらかじめ設定された形になるように標本を抽出する方法である．

　有意抽出法と割当法のいずれも，着目した変数に関する条件さえ満たせば，どのような手続きで標本を抽出してもよい．そのため着目した変数に関しては，標本における分布等が母集団と同じようになるものの，着目しなかった変数に関しては，母集団と標本の間で分布等が同じになるとは限らない．また確率抽出法では，母平均などの母集団特性値に関する不偏推定量やその分散・標準誤差を求める理論的な枠組みがあるのに対し，非確率抽出法ではそのような理論的枠組みが存在せず，推定値の誤差を評価することができない．そのため推定値の結果精度を評価することが求められる場面では，一般に確率抽出法が用いられる．

解 答

1　確率抽出法は以下の三つの条件を満たす抽出方法のことである．
- 全ての可能な標本について，標本として選ばれる確率が計算できること．あるいは母集団の全ての要素について，包含確率が求められること．
- 包含確率はどの要素も 0 より大きいこと．
- 与えられた確率に従って標本を抽出すること．

非確率抽出法とは，確率抽出法以外の全ての抽出方法のことである．

2　それぞれ以下のとおりである．
- (a) 2 人が包含確率はいずれも 1 であり，他の人の包含確率も計算可能であるため，確率抽出法である．
- (b) 島しょ部の住民の包含確率は 0 であるため，非確率抽出法である．
- (c) 各世帯の包含確率は，他の世帯が調査に協力するか否かによって決まるが，具体的にその包含確率の値を計算することができないため，非確率抽出法である．

3　確率抽出法のメリットは，不偏推定量や推定量の標準誤差を計算する理論的枠組みがあることである．

問題	*83*	標本誤差と非標本誤差	標準

> 1　統計調査における標本誤差および非標本誤差とは何か説明せよ．
> 2　非標本誤差の例を挙げよ．

解説　**統計調査**は，母集団における平均値や総計といった特性値を知るために行われる．しかし調査結果に基づく推定値は，必ずしも真の母平均や母集団総計に一致するとは限らず，一般に誤差が生じる．誤差は，それが生じる要因によって，**標本誤差**と**非標本誤差**の二つに大きく分けられる．

　標本誤差とは，母集団全体を調査せず，その一部である標本だけを調査することによって生じる誤差のことである．**標本調査**（抽出調査）では，母集団の全要素から一部の要素だけを標本として取り出して調査対象とし，残りの要素は調査対象としない．そのため標本から得られた推定値は母集団における真の特性値とは一致せず，誤差が生じるおそれがある．さらに，どの要素を標本として取り出すかによって推定値は変わり得る．一方，**全数調査**（悉皆調査）では母集団の全ての要素を調査対象とする．そのため全数調査では標本誤差は生じない．

　非標本誤差とは，標本抽出以外の要因による誤差のことを言う．非標本誤差は，全数調査と標本調査のいずれにおいても生じる可能性があり，例えば以下が挙げられる．

カバレッジ誤差：　調査対象となるべき全ての要素から成る集団を目標母集団といい，調査対象の抽出に用いられるリストを枠という．全数調査では枠内の全てが調査対象となり，標本調査では枠の中から標本が抽出される．枠と目標母集団とは完全に一致していることが望ましいが，現実には両者は一致せず，そのために生じる誤差がカバレッジ誤差である．

　特に，目標母集団 U の一部が枠 F に含まれておらず，$U - F \neq \varnothing$ であることをアンダーカバレッジという．例えばある地域の住民を対象とするとき，住民基本台帳を枠とすれば，転入したばかりで住民票を異動していない住民は目標母集団には含まれていても枠には含まれない．逆に長期不在の住民は目標母集団に含めないことにしても，住民基本台帳という枠には含まれていることがある．枠 F に目標母集団 U 以外の要素が含まれており，$F - U \neq \varnothing$ であることをオーバーカバレッジという．

無回答誤差：　全数調査と標本調査のいずれであっても，調査対象の一部が未回収（unit nonresponse）となったり，回収はされても一部の変数については無記入（item nonresponse）となったりすることがある．これらの無回答によって生じる誤差が無回答誤差である．

測定誤差： 要素 i の変数 y の値として本来は y_i が正しいにもかかわらず，y_i^* という
　　　値がデータとして記録されてしまうとき，$y_i^* - y_i$ を測定誤差という．測定誤差は
　　　データの収集過程で生じる誤差であり，主に三つの要因によって生じる．調査票な
　　　どの測定道具，回答者などの測定対象，調査員などの測定者の三つである．
　　　　測定道具に起因する測定誤差の例としては，調査票のデザインや文章表現に不備が
　　　あるため，求められている情報を回答者が正しく把握できず誤解したり，回答に当
　　　たって回答者がミスを犯したりすることが挙げられる．同じ回答者でも，紙の上で
　　　の回答とコンピュータやタブレット上での回答とが異なることもある．また，測定
　　　のための道具が，測定しようとしている構成概念を漏れなくデータ化できていると
　　　は限らない．例えば学力テストは学力の一部を測定しているに過ぎない．
　　　　測定対象に起因する測定誤差の例としては，回答誤差が挙げられる．回答者は，回
　　　答に当たって調査項目や回答選択肢の並び順の影響を受けたり，社会的に望ましい
　　　回答をする傾向がある．記憶に頼った回答は事実と異なることも多く，非常に私的
　　　な内容に関しては，回答者が率直に回答しないこともある．
　　　　測定者に起因する測定誤差の例としては，面接調査における調査員が回答者と同性の
　　　場合と異性の場合とでは，同じ回答者でも回答が異なることがある．また調査員に
　　　よっては，無意識ではあっても，本来とは異なる回答に誘導してしまうこともある．

処理誤差： データ処理の過程で生じる誤差を処理誤差という．データの入力ミスや集計
　　　プログラムのミス等は，慎重に作業することでかなり防げるが，完全に除けるとは
　　　限らない．自由記述された内容を数値化，カテゴリ化するときに，誤りや判断のブ
　　　レが生じることもある．

　確率抽出された標本であれば，標本誤差の大きさは，推定量の分散や標準誤差として
統計的に評価することができる．しかし非標本誤差の大きさは，評価するための理論的
な枠組みが必ずしもあるわけではなく，評価できないことが少なくない．

解 答

1　標本誤差とは母集団の一部のみを調査することで生じる誤差のことであり，標本調
査では生じるが，全数調査では生じない．非標本誤差とは標本抽出以外の要因による誤
差のことであり，全数調査と標本調査のいずれでも生じ得る．

2　非標本誤差にはカバレッジ誤差や無回答誤差，測定誤差や処理誤差などがある．カ
バレッジ誤差とは，枠と目標母集団との不一致により生じる誤差のことであり，無回答
誤差とは無回答によって生じる誤差のことである．データの収集過程で生じる誤差が測
定誤差であり，データの処理過程で生じる誤差が処理誤差である．

問題	84	復元単純無作為抽出法と不偏推定量	標準

> 　1　一般の復元抽出標本に基づく母平均の不偏推定量とその分散，さらにその不偏推定量を示せ．
> 　2　復元単純無作為抽出を行う手順を一つ示せ．
> 　3　復元単純無作為抽出標本に基づく母平均の不偏推定量とその分散，さらにその不偏推定量を示せ．

解説　復元抽出法は，大きさ N の母集団から一つの要素を抽出するという作業を独立に n 回繰り返す標本抽出方法である．例えば袋の中に N 個のボールが入っており，各ボールには 1 から N までの通し番号が一つ，ボール間で重複せずに付いているものとする．袋の中からボールを一つ取り出し，そのボールに描かれた数字を記録した上で，取り出したボールをまた袋の中に戻す（復元する）．この作業を n 回繰り返せば，記録された数字は大きさ n の復元抽出標本となる．

　母集団から一つの要素を抽出するときに要素 i が抽出される確率を p_i とする．確率 p_i は必ずしも要素の間で等しい必要はない．母集団 U 全体について抽出の確率 p_i を合計すると，$\sum_{i \in U} p_i = 1$ である（$\sum_{i \in U}$ は母集団 U に含まれる全ての要素 i について合計することを表す）．なお確率抽出法では，どの要素についても $p_i > 0$ でなければならない．

　復元抽出された標本を s とするとき，s を用いた変数 y の母集団総計 τ_y の**不偏推定量**としては，**Hansen-Hurwitz 推定量**が一般的である．

$$\hat{\tau}_y = \frac{1}{n} \sum_{i \in s} \frac{y_i}{p_i}$$

母平均 μ_y の不偏推定量 $\hat{\mu}_y$ は，$\hat{\tau}_y$ を母集団の大きさ N で割ればよい．また Hansen-Hurwitz 推定量 $\hat{\mu}_y$ の分散 $V[\hat{\mu}_y]$ やその分散の不偏推定量 $\hat{V}[\hat{\mu}_y]$ の式は解答に示すとおりである．

　復元抽出法では，同一の要素が重複して標本に含まれる可能性がある．そのため現実に用いられることはほとんどない．一方で Hansen-Hurwitz 推定量の分散やその推定量は，非復元抽出標本に基づく Horvitz-Thompson 推定量の場合と比べると，簡単な式で表すことができる．そこで実際には非復元抽出された標本であっても，復元抽出したものとして推定量の分散を推定することがある．特に抽出率（母集団の大きさ N に対する標本の大きさ n の比 n/N）が小さいときには，復元抽出であっても同一の要素が重複して抽出される可能性は低く，復元抽出法と非復元抽出法の間に大きな違いはないと見なせるからである．

　全ての要素について抽出の確率を等しく $p_i = 1/N$ とする標本抽出方法の一つが，**復元単純無作為抽出法**である．先ほどの袋からボールを取り出す例えで言えば，どのボー

ルも抽出される確率が等しい場合が復元単純無作為抽出法である.

復元単純無作為抽出標本に基づく母平均 μ_y の不偏推定量 $\hat{\mu}_y$ やその分散 $V[\hat{\mu}_y]$, 分散の不偏推定量 $\hat{V}[\hat{\mu}_y]$ を求めるには, Hansen-Hurwitz 推定量の各式において $p_i = 1/N$ とすればよい. なお復元単純無作為抽出標本では, $n-1$ で割った標本分散が, N で割った母分散の不偏推定量となる.

$$E\left[\frac{1}{n-1}\sum_{i \in s}(y_i - \bar{y})^2\right] = \frac{1}{N}\sum_{i \in U}(y_i - \mu_y)^2$$

ただし $\bar{y}$ は標本平均である.

解答

1　大きさ N の母集団 U からの大きさ n の復元抽出標本 s に基づく母平均 μ_y の不偏推定量（Hansen-Hurwitz 推定量）は以下のとおりである.

$$\hat{\mu}_y = \frac{1}{Nn}\sum_{i \in s}\frac{y_i}{p_i}$$

ただし y_i は要素 i の変数 y の値であり, p_i は母集団から一つの要素を抽出するとき, 要素 i が抽出される確率である. また $\hat{\mu}_y$ の分散 $V[\hat{\mu}_y]$ とその不偏推定量 $\hat{V}[\hat{\mu}_y]$ は以下のとおりである.

$$V[\hat{\mu}_y] = \frac{1}{N^2 n}\sum_{i \in U}p_i\left(\frac{y_i}{p_i} - N\mu_y\right)^2$$

$$\hat{V}[\hat{\mu}_y] = \frac{1}{N^2 n(n-1)}\sum_{i \in s}\left(\frac{y_i}{p_i} - N\hat{\mu}_y\right)^2$$

2　以下は, 標本の大きさ n の復元単純無作為抽出を行う一つの手順である.
(a) 大きさ N の母集団の各要素に 1 から N までの通し番号をつける.
(b) 1 から N までの整数の一様乱数を発生させ, k とする.
(c) 通し番号 k の要素を標本とする.
(d) 上記 (b) と (c) の手順を n 回繰り返す.

3　復元単純無作為抽出標本では $p_i = 1/N$ なので, これを Hansen-Hurwitz 推定量の式に代入すると以下が得られる.

$$\hat{\mu}_y = \frac{1}{n}\sum_{i \in s}y_i = \bar{y}$$

$$V[\hat{\mu}_y] = \frac{1}{nN}\sum_{i \in U}(y_i - \mu_y)^2$$

$$\hat{V}[\hat{\mu}_y] = \frac{1}{n(n-1)}\sum_{i \in s}(y_i - \bar{y})^2$$

ただし $\bar{y}$ は標本平均である.

| 問題 | *85* | 非復元単純無作為抽出法と不偏推定量 | 標準 |

> [1]   一般の非復元抽出標本に基づく母平均の不偏推定量とその分散，さらにその不偏推定量を示せ．
> [2]   非復元単純無作為抽出を行う手順を一つ示せ．
> [3]   非復元単純無作為抽出標本に基づく母平均の不偏推定量とその分散，さらにその不偏推定量を示せ．

解 説   **非復元抽出法**は，大きさ N の母集団から，同一の要素が重複しないよう大きさ n の標本を抽出する方法である．例えば袋の中に N 個のボールが入っており，各ボールには 1 から N までの通し番号が一つ，ボール間で重複せずに付いているものとする．袋の中からボールを一つ取り出し，そのボールに描かれた数字を記録する．取り出したボールは袋に戻さずに（非復元），次にまたボールを取り出す．このような作業を繰り返し，全部で n 個のボールを取り出せば，記録された数字は重複がない大きさ n の非復元抽出標本となる．

非復元抽出法では，各要素が標本となる確率は以下のような考え方で求める．簡単のため，大きさ $N=5$ の母集団から大きさ $n=2$ の標本を非復元抽出することにする．全ての可能な標本は以下の (1) から (10) に示す 10 通りとなる．

(1) 1,2	(2) 1,3	(3) 1,4	(4) 1,5	(5) 2,3
(6) 2,4	(7) 2,5	(8) 3,4	(9) 3,5	(10) 4,5

非復元抽出を行うということは，10 通りの可能な標本のそれぞれに対してそれが抽出される確率を与え，その確率に従って 10 通りの中から一つの標本を選ぶことに等しい．例えば，可能な標本のいずれに対しても 1/10 という確率を与えることにする．このとき要素 1 を含む標本は (1) から (4) の 4 通りであり，そのいずれか一つが選ばれる確率は $4 \times 1/10 = 2/5$ となる．つまり要素 1 が標本に含まれる確率は $\pi_1 = 2/5$ である．この確率 π_1 を要素 1 の**包含確率**という．包含確率は他の全ての要素についても同様に考えることができる．確率抽出法ではどの要素についても $\pi_i > 0$ でなければならない．

非復元抽出標本 s を用いた変数 y の母集団総計 τ_y の**不偏推定量**としては，**Horvitz-Thompson 推定量**が一般的である．

$$\hat{\tau}_y = \sum_{i \in s} \frac{y_i}{\pi_i}$$

母平均 μ_y の不偏推定量 $\hat{\mu}_y$ は，$\hat{\tau}_y$ を母集団の大きさ N で割ればよい．また Horvitz-Thompson 推定量 $\hat{\mu}_y$ の分散 $V[\hat{\mu}_y]$ や分散の不偏推定量 $\hat{V}[\hat{\mu}_y]$ は解答に示すとおりである．

全ての可能な標本を等確率とした非復元抽出法の一つが**非復元単純無作為抽出法**である．

その具体的な手続きの一つは解答のとおりである．非復元単純無作為抽出法では，どの要素も包含確率は $\pi_i = n/N$ となる．また，$n-1$ で割った標本分散 $(n-1)^{-1}\sum_{i\in s}(y_i-\bar{y})^2$ が，$N-1$ で割った母分散 $(N-1)^{-1}\sum_{i\in U}(y_i-\mu)^2$ の不偏推定量となる．さらに非復元単純無作為抽出法における $\hat{V}[\hat{\mu}_y]$ は，復元単純無作為抽出法における $\hat{V}[\hat{\mu}_y]$ に $1-n/N$ を乗じたものとなっている．この $1-n/N$ を**有限母集団修正項**という．有限母集団では非復元抽出標本の大きさを $n = N$ とすると全数抽出となり，有限母集団修正項が乗じられていることで推定量の分散は 0 となる．

解答

1　大きさ N の母集団 U からの大きさ n の非復元抽出標本 s に基づく母平均 μ_y の不偏推定量（Horvitz-Thompson 推定量）は以下のとおりである．

$$\hat{\mu}_y = \frac{1}{N}\sum_{i\in s}\frac{y_i}{\pi_i}$$

ただし y_i は要素 i の変数 y の値であり，π_i は要素 i の包含確率である．また不偏推定量 $\hat{\mu}_y$ の分散 $V[\hat{\mu}_y]$ とその不偏推定量 $\hat{V}[\hat{\mu}_y]$ は以下のとおりである．

$$V[\hat{\mu}_y] = \frac{1}{N^2}\sum_{i\in U}\sum_{j\in U}(\pi_{ij}-\pi_i\pi_j)\frac{y_i}{\pi_i}\frac{y_j}{\pi_j}$$

$$\hat{V}[\hat{\mu}_y] = \frac{1}{N^2}\sum_{i\in s}\sum_{j\in s}\frac{\pi_{ij}-\pi_i\pi_j}{\pi_{ij}}\frac{y_i}{\pi_i}\frac{y_j}{\pi_j}$$

ただし π_{ij} は二次の包含確率（要素 i と要素 j が同時に標本に含まれる確率）であり，母集団における全ての i と j の組み合わせについて $\pi_{ij} > 0$ とする．

2　以下は，標本の大きさ n の非復元単純無作為抽出を行う一つの手順である．

(a) 大きさ N の母集団の各要素に 1 から N までの通し番号をつける．

(b) 1 から N までの整数の一様乱数を発生させ，k とする．

(c) 通し番号 k の要素がまだ標本となっていなければ標本とする．

(d) 上記 (b) と (c) の手順を，抽出された標本の大きさが n になるまで繰り返す．

3　非復元単純無作為抽出標本では $\pi_i = n/N$ と $\pi_{ij} = n(n-1)/N(N-1)$ なので，これらを Horvitz-Thompson 推定量の式に代入すると以下が得られる．

$$\hat{\mu}_y = \frac{1}{n}\sum_{i\in s}y_i = \bar{y}$$

$$V[\hat{\mu}_y] = \left(1-\frac{n}{N}\right)\frac{1}{n(N-1)}\sum_{i\in U}(y_i-\mu_y)^2$$

$$\hat{V}[\hat{\mu}_y] = \left(1-\frac{n}{N}\right)\frac{1}{n(n-1)}\sum_{i\in s}(y_i-\bar{y})^2$$

ただし $\bar{y}$ は変数 y の標本平均である．

| 問題 | 86 | 抽出ウェイトと自己加重標本 | 標準 |

1	以下のそれぞれの抽出ウェイトを示せ.
(a)	復元抽出法における抽出の確率を用いた抽出ウェイト
(b)	非復元抽出法における包含確率を用いた抽出ウェイト
2	抽出ウェイトを用いて, 単純無作為抽出法における母平均の不偏推定量とその分散の不偏推定量を表せ.
3	自己加重標本とは何か説明せよ.

解説　抽出ウェイトは基礎ウェイトや復元乗率などとも呼ばれ, 標本抽出方法を反映したウェイトである. 復元抽出法において要素 i が抽出される確率を p_i, あるいは非復元抽出法において要素 i が標本に含まれる確率を π_i とすると, 大きさ n の標本における抽出ウェイト w_i は次式で表される.

$$w_i = \begin{cases} \dfrac{1}{np_i} & : 復元抽出法の場合 \\[2mm] \dfrac{1}{\pi_i} & : 非復元抽出法の場合 \end{cases}$$

抽出ウェイトを用いると, 復元抽出法と非復元抽出法のいずれの場合も母集団 U における変数 y の総計 $\tau_y = \sum_{i \in U} y_i$ の不偏推定量は以下となる.

$$\hat{\tau}_y = \sum_{i \in s} w_i y_i$$

この式の意味を理解するため, どの要素も値が 1 という変数 $y_i = 1$ を考えよう. この変数の母集団総計 $\tau_y = \sum_{i \in U} y_i$ は母集団の大きさ N となり, その不偏推定量 $\hat{\tau}_y = \sum_{i \in s} w_i y_i$ は抽出ウェイト w_i の標本総計 $\sum_{i \in s} w_i$ となる. つまり抽出ウェイト w_i の標本総計は母集団の大きさ N の不偏推定量である.

$$\hat{N} = \sum_{i \in s} w_i$$

そのため各抽出ウェイト w_i は, その要素 i が代表している母集団における要素の数と解釈することができる.

例えば母集団 1 億人から標本 2 千人を非復元単純無作為抽出したものとする. 各人の包含確率は $\pi_i = n/N = 2$ 千人/1 億人 $= 1/50{,}000$ であり, 抽出ウェイトは $w_i = 1/\pi_i = 50{,}000$ となる. つまり標本の各人は母集団の 5 万人を代表しているとみなせる. 変数の値 y_i に抽出ウェイト $w_i = 50{,}000$ を乗じた値 $w_i y_i$ は, 母集団 5 万人における変数 y の合計の推定量ということになる. そして $w_i y_i$ を標本全体について合計した値 $\hat{\tau}_y = \sum_{i \in s} w_i y_i$ は, 母集団全体における変数 y の総計の推定量となる.

母平均 μ_y の推定量としては, 母集団総計の推定量 $\hat{\tau}_y$ を母集団の大きさ N で割るも

のと，その推定量 $\hat{N}$ で割るものの二つが考えられる．

$$\hat{\mu}_y = \begin{cases} \dfrac{1}{N}\hat{\tau}_y = \dfrac{1}{N}\displaystyle\sum_{i\in s} w_i y_i \\[3mm] \dfrac{1}{\hat{N}}\hat{\tau}_y = \dfrac{1}{\displaystyle\sum_{i\in s} w_i}\displaystyle\sum_{i\in s} w_i y_i \end{cases}$$

もし抽出ウェイト w_i の標本総計 $\sum_{i\in s} w_i$ が母集団サイズ N に一致すれば，両者は一致する．また，抽出ウェイト w_i がどの要素についても一定であれば，$\hat{N}$ で割った母平均の推定量 $\hat{\mu}_y$ は標本平均 $\bar{y}$ に一致する．

$$\hat{\mu}_y = \frac{1}{\hat{N}}\sum_{i\in s} w_i y_i = \frac{1}{\displaystyle\sum_{i\in s} w_i}\sum_{i\in s} w_i y_i = \frac{1}{n}\sum_{i\in s} y_i = \bar{y}$$

このような，$\hat{\mu}_y = \bar{y}$ となる標本を**自己加重標本**という．抽出ウェイトが $w_i = N/n$ である単純無作為抽出標本は，自己加重標本の一例である．

解答

$\boxed{1}$　(a) 標本サイズを n とし，抽出の確率を p_i とすると抽出ウェイト w_i は以下のとおりである．

$$w_i = \frac{1}{np_i}$$

(b) 包含確率を π_i とすると抽出ウェイト w_i は以下のとおりである．

$$w_i = \frac{1}{\pi_i}$$

$\boxed{2}$　母平均 μ_y の不偏推定量は以下のとおりである．

$$\hat{\mu}_y = \frac{1}{N}\sum_{i\in s} w_i y_i$$

また $\hat{\mu}_y$ の分散の不偏推定量は，復元単純無作為抽出法の場合には

$$\hat{V}[\hat{\mu}_y] = \frac{n}{N^2(n-1)}\sum_{i\in s}\left(w_i y_i - \frac{1}{n}\sum_{i\in s} w_i y_i\right)^2$$

であり，非復元単純無作為抽出法の場合には以下のとおりである．

$$\hat{V}[\hat{\mu}_y] = \left(1 - \frac{n}{N}\right)\frac{n}{N^2(n-1)}\sum_{i\in s}\left(w_i y_i - \frac{1}{n}\sum_{i\in s} w_i y_i\right)^2$$

$\boxed{3}$　自己加重標本とは，標本平均 $\bar{y}$ が母平均 μ_y の推定量となる標本のことである．

$$\hat{\mu}_y = \frac{1}{\displaystyle\sum_{i\in s} w_i}\sum_{i\in s} w_i y_i = \frac{1}{n}\sum_{i\in s} y_i = \bar{y}$$

| 問題 | 87 | 系統抽出法で標本を抽出する | 標準 |

> $\boxed{1}$　系統抽出法を用いる利点と注意点を述べよ.
>
> $\boxed{2}$　以下の大きさ $N=9$ の母集団 U から, 大きさ $n=4$ の標本 s を系統抽出（抽出間隔は 2）するものとする.
>
> $$U = \{1,\ 2,\ 3,\ 4,\ 5,\ 6,\ 7,\ 8,\ 9\}$$
>
> (1)　全ての可能な標本を挙げよ.
> (2)　要素 1 の包含確率を求めよ.
>
> $\boxed{3}$　母集団を上記と同じ U とし, 大きさ $n=4$ の標本を系統抽出（抽出間隔は 1）するとき, 要素 1 の包含確率を求めよ.

解　説　系統抽出法は等間隔抽出法とも呼ばれる. その手続きは以下のとおりである. まず大きさ N の母集団の各要素に 1 から N までの通し番号をつける. 次に整数の一様乱数を一つ発生させ, k とする. この k を開始番号（スタート番号）といい, 通し番号が k の要素を標本として抽出する. さらにある適当な自然数 d を抽出間隔として定める. この d を次々と k に足した値を求め, 通し番号がそれらの値である要素を, 標本の大きさが n になるまで標本として抽出する. つまり通し番号が $k+d,\ k+2d,\ k+3d,\dots,k+(n-1)d$ である要素を標本とする. なお, $k+i\times d$ が母集団の大きさ N を超えたときには, $k+i\times d-N$ を用いればよい. つまり通し番号順に要素を並べたとき, 等間隔おきに要素を抽出していくことになるが, リストの最後を超えたら先頭に戻って抽出を続ければよい.

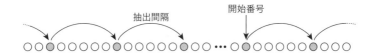

　系統抽出法では, 要素の並び順と抽出間隔を工夫することで, 単純無作為抽出法よりも標本誤差を小さくすることができる. 例えばある変数 x の昇順に要素を並べ, 抽出間隔 d を N/n の小数点以下を切り捨てた値とする. どのような開始番号であっても, 標本には変数 x の値が小さな要素から大きな要素まで幅広く含まれることになる. 単純無作為抽出法では, 乱数によっては変数 x の値が小さな要素ばかり, あるいは大きな要素ばかりとなるおそれがあるため, 系統抽出法の方が標本誤差は小さくなる. また抽出間隔おきに要素を選び出せばよいため, 特に手作業で抽出を行う場合には, 単純無作為抽出法よりも抽出作業は容易になる.

　一方で要素の並び順に何らかの周期があり, それが抽出間隔と同期してしまうと, かえって標本誤差は大きくなるおそれがある. 例えば対象者が男女交互に並んでいるもの

とする．抽出間隔を偶数としてしまうと，標本は男性だけあるいは女性だけとなってしまい，一般に標本誤差は単純無作為抽出法よりも大きくなる．その場合には抽出間隔を奇数とする必要がある．また，例えば極端な場合として抽出間隔を $d=N$ とすると，開始番号の要素が n 回抽出される復元抽出となってしまう．要素が重複して抽出されないよう抽出間隔を定めることが重要である．

　抽出間隔は必ずしも $d=N/n$ などとする必要はない．復元抽出にならない抽出間隔であれば，どのような抽出間隔であっても各要素の包含確率は $\pi_i=n/N$ となるからである．そのため要素が完全に無作為に並んでいるときには，抽出間隔をどのように定めても，系統抽出法は単純無作為抽出法と実質的に同じこととなる．ただし先述のとおり，標本誤差を縮小させるため，要素の並び順によっては抽出間隔を大きくするなど工夫をすることが望ましい．

　系統抽出法では**二次の包含確率** π_{ij}（要素 i と j が同時に標本に含まれる確率）が $\pi_{ij}=0$ となる要素の組み合わせがある．例えば抽出間隔が $d\geq 2$ であれば，一般に要素 i と要素 $i+1$ の二次の包含確率は $\pi_{i,i+1}=0$ である．そのため Horvitz-Thompson 推定量の分散を不偏推定することができない．分散を不偏推定するには，母集団における全ての要素の組み合わせについて $\pi_{ij}>0$ となる必要があるからである．そこで実際には系統抽出した標本であっても，単純無作為抽出したものとして推定量の分散を推定することがある．

解答

1　系統抽出法の利点は，抽出間隔を工夫することで単純無作為抽出法と比べて標本誤差を小さくすることができる点である．また，乱数に基づく抽出を何度も繰り返す必要がないため，特に手作業による抽出は効率的に行うことができる．ただし抽出間隔が，枠における何らかの周期と一致した場合には，単純無作為抽出法よりも標本誤差が大きくなるおそれがある．

2　(a) 全ての可能な標本は以下の 9 通りである．

$$\{1,3,5,7\}, \{2,4,6,8\}, \{3,5,7,9\}, \{4,6,8,1\}, \{5,7,9,2\},$$
$$\{6,8,1,3\}, \{7,9,2,4\}, \{8,1,3,5\}, \{9,2,4,6\}$$

　(b) 全ての可能な標本は等確率（1/9）で選ばれ，要素 1 を含む標本は 4 通りなので，要素 1 の包含確率は $\pi_1=4\times 1/9=4/9$ である．

3　全ての可能な標本は 9 通りであり，要素 1 を含む標本は 4 通りなので，要素 1 の包含確率は $\pi_1=4\times 1/9=4/9$ である．

| 問題 | 88 | 層化抽出法で標本を抽出する | 標準 |

1　層化抽出法を用いる目的を述べよ.

2　母集団を 3 層に層化したとき, 層 h の大きさ N_h および変数 x の層平均 $\mu_{x,h}$ と層分散 $\sigma^2_{x,h}$ はそれぞれ以下のとおりであった.

　　層 1 : $N_1 = 10{,}000$, 　$\mu_{x,1} = 40$, 　$\sigma^2_{x,1} = 900$

　　層 2 : $N_2 = 20{,}000$, 　$\mu_{x,2} = 50$, 　$\sigma^2_{x,2} = 900$

　　層 3 : $N_3 = 30{,}000$, 　$\mu_{x,3} = 30$, 　$\sigma^2_{x,3} = 100$

　標本全体の大きさを $n = 1{,}200$ とし, 各層への標本の割当法を均等割当, 比例割当, 変数 x によるネイマン割当とするとき, それぞれ各層に割り当てられる標本の大きさを求めよ.

3　各層への標本の割当は比例割当とし層内は非復元単純無作為抽出とするとき, どのような層化が望ましいか説明せよ.

| 解 説 |　**層化抽出法**は母集団をいくつかの層（グループ）に分け, 層ごとに, かつどの層からも標本を抽出する方法である. 例えば日本全体を 47 都道府県に分け, 都道府県ごとに標本を抽出する方法は, 都道府県を層とした層化抽出法である.

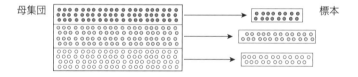

　層化抽出法を用いる目的はいくつかある. 一つは標本誤差を抑えるためである. 例えば都道府県で層化をしなければ, 標本は特定の都道府県に集中してしまうおそれがある. もし都道府県間で変数の値が異なれば, 得られる標本に応じて推定値は大きく変動することになる. このとき都道府県で層化をすれば, どの都道府県からも標本は抽出され, 標本の間での推定値の変動は小さく抑えられる.

　層ごとの推定精度を確保するために層化抽出を用いることもある. 仮に都道府県で層化をしなければ, 都道府県によっては小さな標本しか抽出されず, 十分な精度の推定値が得られないからである.

　各層への標本の割当方法としてよく知られている方法には均等割当, 比例割当, ネイマン割当がある. **均等割当**は, どの層にも同じ大きさの標本を割り当てる方法である. 標本全体の大きさを n とし, 層の数を H とすると, 均等割当では層 h に割り当てる標本の大きさ n_h は以下のとおりである.

$$n_h = \frac{n}{H}, \quad h = 1, \ldots, H \tag{1}$$

比例割当は, 層 h に割り当てる標本の大きさ n_h を層 h の大きさ N_h に比例させる方

法である．各層内が単純無作為抽出法であれば自己加重標本が得られる．

$$n_h = n \times \frac{N_h}{\displaystyle\sum_{h=1}^{H} N_h} \propto N_h, \quad h = 1, \ldots, H$$

ネイマン割当は，層 h に割り当てる標本の大きさ n_h を，層 h の大きさ N_h と変数 x の層標準偏差 $\sigma_{x,h}$ の積に比例させる方法である．各層内が単純無作為抽出であれば，変数 x の推定に関しては他の割当法よりも分散が小さい．

$$n_h = n \times \frac{N_h \sigma_{x,h}}{\displaystyle\sum_{h=1}^{H} N_h \sigma_{x,h}} \propto N_h \sigma_{x,h}$$

一般に，ある標本抽出方法における推定量の分散と，単純無作為抽出法における推定量の分散との比を**デザイン効果**と呼ぶ．デザイン効果が 1 より小さいほど，その標本抽出方法を用いれば推定量の精度は高くなることを意味する．層化抽出法（各層の標本の大きさは比例割当とし，各層内では単純無作為抽出とする）のデザイン効果は以下のとおりである．

$$\mathrm{Deff} \approx \frac{\displaystyle\sum_{h=1}^{H} \frac{N_h}{N} \sigma_{y,h}^2}{\displaystyle\sum_{h=1}^{H} \frac{N_h}{N} \sigma_{y,h}^2 + \sum_{h=1}^{H} \frac{N_h}{N} (\mu_{y,h} - \mu_y)^2}$$

ただし $\mu_{y,h}$ は変数 y の層 h における母平均である．層化抽出法のデザイン効果は一般に 1 より小さく，推定量の分散は単純無作為抽出法の場合よりも小さい．特に層分散 $\sigma_{y,h}^2$ が小さいほど，つまり層平均 $\mu_{y,h}$ が層間で大きく異なり $(\mu_{y,h} - \mu_y)^2$ の値が大きいほど，デザイン効果は小さくなり，層化によって標本誤差がより縮小する．

解答

1 層化抽出法を用いる目的の一つは，層化抽出を行わない場合と比べ，標本誤差を縮小することである．また，各層に十分な大きさの標本を割り当て，層ごとの推定量の分散を抑えるために層化抽出法が用いられることもある．

2 各割当法による標本の大きさは以下のとおりである．

均等割当 ： $n_1 = 400, \ n_2 = 400, \ n_3 = 400$

比例割当 ： $n_1 = 200, \ n_2 = 400, \ n_3 = 600$

ネイマン割当： $n_1 = 300, \ n_2 = 600, \ n_3 = 300$

3 各層分散 $\sigma_{y,h}^2$ は小さく，層平均 $\mu_{y,h}$ は層間で大きく異なるように層化するのが望ましい．

問題	89	集落抽出法で標本を抽出する	標準

> 1 集落抽出法と層化抽出法の違いを述べよ.
> 2 集落の大きさが全て同じであり, 集落を単純無作為抽出するときの集落抽出法のデザイン効果を示せ.
> 3 集落を非復元規模比例確率抽出する方法を説明せよ.

解説 **集落抽出法**は母集団をいくつかの**集落**(グループ)に分け, 集落を抽出単位として標本を抽出する方法である. 例えば小学生を対象とするとき, 標本となる小学生を抽出の単位として直接抽出するのではなく, 小学校を抽出し, 選ばれた小学校に在籍する小学生全員を標本とするのが集落抽出法である. 層化抽出法も集落抽出法も, 母集団をあらかじめいくつかのグループに分ける点では同じである. 層化抽出法はどのグループからも一部の要素が標本として抽出されるのに対し, 集落抽出法はグループを単位として抽出を行うため, 選ばれたグループの要素は全てが標本となる一方で, 選ばれなかったグループの要素は一つも標本とはならない.

集落抽出法が用いられるのは, 母集団の全要素のリストは入手できないが, 集落のリストは入手できる場合である. 例えば全国の小学生全員を網羅したリストは存在しないが, 全小学校のリストは入手可能である. また, 世帯を直接訪問して調査を行う場合など, 標本となった要素がある程度まとまっていた方が効率的にデータ収集できるときにも集落抽出法が用いられる.

集落抽出法は単純無作為抽出法と比べ, 一般に標本誤差が大きくなりやすい. 例えば集落の大きさは全て等しく $\overline{N}$ とする. 集落を単純無作為抽出するとき, 集落抽出法のデザイン効果は以下のとおりである.

$$\mathrm{Deff} \approx 1 + (\overline{N} - 1)\rho$$

ただし ρ は**級内相関係数**であり, 母集団における集落の数を M とし, 集落 U_a における変数 y の平均を $\mu_{y,a}$ とすると次式で表される.

$$\rho = 1 - \frac{\overline{N}}{\overline{N}-1} \frac{\displaystyle\sum_{a=1}^{M}\sum_{i\in U_a}(y_i - \mu_{y,a})^2}{\displaystyle\sum_{a=1}^{M}\sum_{i\in U_a}(y_i - \mu_y)^2}$$

級内相関係数 ρ は, 集落内平方和 $\sum_{i\in U_a}(y_i - \mu_{y,a})^2$ が小さいほど大きな値をとる. つまり集落内で要素間の変数値が似ているほど, 集落抽出法のデザイン効果は 1 を大きく超え, 単純無作為抽出法と比べて推定量の分散は大きくなる.

集落抽出法のデザイン効果は, 一つの集落の大きさ $\overline{N}$ が大きい場合にも大きくなる. 標本全体の大きさ n が決まっているとき, 一つの集落の大きさ $\overline{N}$ が大きいということ

は，抽出する集落の数が少ないということになるからである．そのため集落の大きさを自由に決められるのであれば，標本誤差を抑えるには各集落の大きさは小さくし，抽出する集落の数を多くするのがよい．

　集落抽出法において標本誤差を抑えるには層化抽出法を併用するのが一つの方法である．また集落の大きさが異なるときには，大きな集落ほど抽出される確率あるいは包含確率を大きくするのもよい．抽出する集落の数が決まっていれば，大きな集落を抽出するほど，最終的な標本の大きさ n は大きくなるからである．集落を抽出する確率あるいは集落の包含確率をその大きさに比例させる抽出法を，**規模比例確率集落抽出法**あるいは**確率比例集落抽出法**という．

　非復元規模比例確率集落抽出を行う一つの方法は系統抽出法を利用することである．その手順は以下の通りである．まず，各集落の大きさをリストの並びに従って順に累積する．最後の集落の累積値は全ての集落の大きさの合計であり，母集団の大きさ N となる．次に 0 から N までの一様乱数を発生させ，これを k とする．集落の大きさの累積値を順に見ていって，累積値が初めて k を超える集落を標本として抽出する．さらに，抽出する集落数を m とすると，例えば $d = N/m$ を抽出間隔とし，$k+d$ が累積値を初めて超える集落，$k+2d$ が累積値を初めて超える集落を順々に標本として抽出し，$k+(m-1)d$ まで同様の作業を続ければよい．なお，ある i について $k+i \times d > N$ となった場合には，$k+i \times d - N$ を用いればよい．下図は $N = 29,349$ の母集団において，$M = 50$ の集落から $m = 5$ の集落を規模比例確率抽出するとき，$k = 2,174$ と $d = 5,870$ を用いたときの方法を図示したものである．

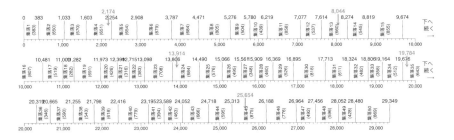

解答

1　集落抽出法はグループ単位で標本を抽出する方法であるのに対し，層化抽出法はどのグループにおいても，その一部を標本として抽出する方法である．

2　一つの集落の大きさを $\overline{N}$ とし級内相関係数を ρ とすると，集落抽出法のデザイン効果は以下のとおりである．

$$\mathrm{Deff} \approx 1 + (\overline{N} - 1)\rho$$

3　解説で述べたとおりである．

問題	90	二段抽出法で標本を抽出する	標準

　二段目を非復元単純無作為抽出する二段抽出法において
(a)　PSU を等確率で抽出したときに自己加重標本を得る方法を説明せよ.
(b)　PSU を規模比例確率抽出したときに自己加重標本を得る方法を説明せよ.
(c)　上記二つの方法のメリットをそれぞれ説明せよ.

解説　集落抽出法は集落を抽出単位とし，選ばれた集落内の要素は全て標本とする方法である．これに対し，選ばれた集落内において，その一部の要素だけをさらに選び出して標本とする方法が**二段抽出法**である．最初に選ばれた各集落の中で要素がさらに小集落に分かれている場合，それらの小集落をいくつか抽出した上で，選ばれた小集落の中で要素を抽出すると**三段抽出法**となる．一般に抽出された集落の中でさらに抽出を繰り返す方法を**多段抽出法**という．

　例えば標本として小学生を抽出するとき，小学生を抽出単位として直接抽出する代わりに学校を抽出単位として抽出し，選ばれた学校に在籍する小学生全員を標本とする方法は集落抽出法である．選ばれた学校の中でさらに一部の小学生だけを抽出し標本とする方法は二段抽出法であり，選ばれた学校の中で一部の学級だけを抽出し，その学級の中でさらに小学生を抽出する方法は三段抽出法である．

　一段目の抽出に用いる抽出単位を**第一次抽出単位**といい，**PSU**（Primary Sampling Unit）と表す．また二段目の抽出に用いる抽出単位を**第二次抽出単位**といい，**SSU**（Secondary Sampling Unit）と表す．同様に第三次抽出単位は TSU（Tertiary Sampling Unit）である．

　多段抽出法では，各要素の抽出の確率あるいは包含確率は，その前の段の集落が選ばれたという条件の下で各集落や要素が選ばれる確率を，全ての段について乗じたものである．各段における抽出は独立だからである．例えば一段目では M 個の PSU から m 個の PSU を非復元単純無作為抽出すれば，各 PSU の包含確率は $\pi_a = m/M$ となる．次に，選ばれた各 PSU において N_a 個の要素から n_a 個の要素を非復元単純無作為抽出すれば，第 a PSU における各 SSU の包含確率は $\pi_{i|a} = n_a/N_a$ となる．最終的に各 SSU の包含確率は次式となる．

$$\pi_i = \frac{m}{M} \times \frac{n_a}{N_a}$$

　二段抽出法において自己加重標本を得る方法は主に二つある．まず，PSU を等確率で抽出する場合である．このときは各 PSU において SSU が抽出される確率あるいは包含確率を PSU 間で等しくすればよい．例えば一段目の PSU の抽出と，各 PSU における二段目の SSU の抽出のいずれも非復元単純無作為抽出とするのであれば，二段目の抽出では，どの PSU においても SSU の抽出率 $f_2 = n_a/N_a$ を一定とすればよい．ただし

N_a は第 a PSU に含まれる SSU の数であり，n_a は抽出する SSU の数である．母集団に含まれる PSU の数を M とし，抽出する PSU の数を m とすれば，抽出ウェイトは以下のとおり一定となる．

$$w_i = \frac{M}{m} \times \frac{N_a}{n_a} = \frac{M}{m \times f_2}$$

この方法は，一段目の抽出時には各 PSU の大きさ N_a が知られていないときに有用な方法である．

　もう一つの方法は，PSU を規模比例確率抽出する場合である．このときはどの PSU においても同じ数の SSU を等確率抽出すればよい．例えばどの PSU においても大きさ $\bar{n}$ の非復元単純無作為抽出を行えばよい．抽出ウェイトは以下のとおり一定となる．

$$w_i = \frac{N}{m \times N_a} \times \frac{N_a}{\bar{n}} = \frac{N}{m \times \bar{n}}$$

この方法は，あらかじめ各 PSU の大きさ N_a がわかっており，各 PSU 内で抽出する SSU の数を一定にしたいときに用いられる．例えば住民を対象とした訪問調査を実施するため，一段目で町丁字を抽出し，二段目で住民を抽出するものとする．町丁字ごとに調査員を割り当てるとき，町丁字を規模比例確率抽出していれば，各調査員が担当する住民の数はどの調査員の間でも一定とすることができる．あるいは学校を PSU とし，SSU としてどの学校も 1 学級を抽出するとき，学校を学級数で規模比例確率抽出していれば自己加重標本が得られることになる．

解 答

(a) PSU を等確率抽出したときに自己加重標本を得るには，どの PSU においても SSU の抽出率を等しくし，SSU を等確率抽出する．

(b) PSU を規模比例確率抽出したときに自己加重標本を得るには，どの PSU においても同数の SSU を等確率抽出する．

(c) (a) の方法は，あらかじめ PSU の大きさがわかっていない場合に用いることができる．(b) の方法は，どの PSU においても同数の SSU を標本とすることができる．

Chapter 9

ソフトウェアの使用

データ分析に当たっては，統計ソフトウェアを使用する
ことが一般的である．ソフトウェアによってはマウス操
作だけで容易に分析を行えるが，結果を正しく利用する
には，出力される数値が何を表すものか理解することが
重要である．この章では，統計ソフトウェアによる計算
結果の数値を正しく読み解くことを学ぶ．

| 問題 | *91* | *t* 検定（統計ソフトウェア） | 標準 |

1 　ポテトチップスを製造しているA工場では，品質管理のため製品を無作為に抽出し，1袋の重量が平均 60g という基準を満たしているかどうか確認をしている．以下は，無作為に選び出した 10 袋の重量データを用いて，基準を満たしているかどうかを統計ソフトウェアの R を用いて検定した結果である．この出力結果の内容を説明せよ．

```
> data.1 <- c(58.7, 60.4, 58.3, 63.2, 60.7, 58.4, 61.0, 61.5, 61.2, 59.4)

> t.test(data.1, mu=60)

        One Sample t-test
data:  data.1
t = 0.56256, df = 9, p-value = 0.5875
alternative hypothesis: true mean is not equal to 60
95 percent confidence interval:
 59.15406 61.40594
sample estimates:
mean of x
    60.28
```

2 　B市では，中学 3 年生の学力が向上しているか調べるため，昨年度に続き今年度も 500 名の生徒を無作為に抽出し，同一のテスト問題の得点を比較することにした．以下は，その検定結果である．この出力結果の内容を説明せよ．

```
> head(data.last, 20)
 [1] 56 54 38 48 60 61 40 51 35 53 70 66 53 69 66 57 44 53 68 62
> head(data.cur, 20)
 [1] 72 53 63 59 71 82 76 61 81 75 44 63 72 61 73 75 66 66 58 67

> var.test(data.cur, data.last)

        F test to compare two variances
data:  data.cur and data.last
F = 0.79592, num df = 499, denom df = 499, p-value = 0.01092
alternative hypothesis: true ratio of variances is not equal to 1
95 percent confidence interval:
 0.6676861 0.9487825
sample estimates:
ratio of variances
         0.7959201

> t.test(data.cur, data.last, alternative="greater")

        Welch Two Sample t-test
data:  data.cur and data.last
t = 7.0332, df = 985.28, p-value = 1.886e-12
alternative hypothesis: true difference in means is greater than 0
95 percent confidence interval:
 4.272241      Inf
sample estimates:
mean of x mean of y
   61.418    55.840
```

解説　最初の問題は母平均に関する検定を行ったものである．10 袋の重量データの標本平均は mean of x に示されており，$\bar{x}=60.28$ である．出力結果には示されていないが，標本分散（$n-1=9$ で除した値）は $s^2=1.574^2$ である．出力結果は，このデータを用いて

帰無仮説　　$H_0 : \mu = 60$

対立仮説　　$H_1 : \mu \neq 60$

とした t 検定（両側検定）を行った結果である．検定統計量の値として

$$t = \frac{\bar{x}-60}{\sqrt{s^2/n}} = \frac{60.28-60}{\sqrt{1.574^2/10}} = 0.56256$$

が示されており，自由度 df $=n-1=9$ の t 分布を用いると，p-value に示された p 値が $P(t>0.56256)=0.5875$ であるので，帰無仮説は棄却できない．なお，信頼度 95 ％の信頼区間は (59.15406, 61.40594) である．

　二番目の問題は二つの母平均の差に関する検定を行ったものである．まず両年度の間で標本分散の比は $s^2_{今年度}/s^2_{昨年度}=0.7959201$ であり，母分散が等しいかどうか，つまり母分散の比が $\sigma^2_{今年度}/\sigma^2_{昨年度}=1$ かどうか F 検定を行っている．

帰無仮説　　$H_0 : \sigma^2_{今年度}/\sigma^2_{昨年度} = 1$

対立仮説　　$H_1 : \sigma^2_{今年度}/\sigma^2_{昨年度} \neq 1$

検定統計量の値として $F_{499,499}=0.79592$ が示されており，自由度 (499, 499) の F 分布では $P(F>0.79592)=0.01092$ であるため，有意水準 5 ％で母分散は異なると言える．

　そこで Welch の方法を用いて母平均の差の検定を行っている．標本平均は $\bar{x}_{今年度}=61.418$ と $\bar{x}_{昨年度}=55.840$ である．出力結果は，

帰無仮説　　$H_0 : \mu_{今年度} - \mu_{昨年度} = 0$

対立仮説　　$H_1 : \mu_{今年度} - \mu_{昨年度} > 0$

とした t 検定（片側検定）を行った結果である．検定統計量の値は

$$t = 7.0332$$

であり，自由度 df $=985.28$ の t 分布では p-value に示された p 値が $P(t>7.0332)$ $=1.886e\text{-}12$ であるので帰無仮説は棄却され，今年度の母平均は昨年度の母平均よりも有意水準 1 ％で大きいと言える．

解答

1　p 値は $p=.5875$ であり，母平均は 60g ではないとは言えない．

2　p 値は $p<.01$ であり，有意水準 1 ％で今年度の母平均は昨年度の母平均よりも大きいと言える．

| 問題 | 92 | 分散分析（統計ソフトウェア） | 標準 |

　あるコンビニエンスチェーンでは，店舗 A から店舗 E までの 5 つの店舗の間でドーナツの売れ行きに違いがあるかどうかを調べるため，ある 2 週間の各店舗でのドーナツの売上高を調べた．以下は，5 店舗の間で売上高平均に差があるかどうかを統計ソフトウェアの R を用いて検定した結果である．この出力結果の内容を説明せよ．

```
> head(data, 5)
      A     B     C     D     E
1  9370 11120  9520 10700  9630
2 10180  9960 10420 10560  8960
3  9160  9980 11360  9310 10570
4 11600 10940  9900  9290  9860
5 10330 10820 10390 10360 12400

> head(stack.data <- stack(data), 5)
  values ind
1   9370   A
2  10180   A
3   9160   A
4  11600   A
5  10330   A

> summary(lm(values ~ ind, stack.data))

Call:
lm(formula = values ~ ind, data = stack.data)

Residuals:
     Min      1Q  Median      3Q     Max
-2237.86 -458.57  -72.14  532.14 2147.14

Coefficients:
            Estimate Std. Error t value Pr(>|t|)
(Intercept) 10027.86     253.04  39.629   <2e-16 ***
indB          123.57     357.86   0.345    0.731
indC           25.71     357.86   0.072    0.943
indD          270.00     357.86   0.754    0.453
indE          225.00     357.86   0.629    0.532
---
Signif. codes:  0 '***' 0.001 '**' 0.01 '*' 0.05 '.' 0.1 ' ' 1

Residual standard error: 946.8 on 65 degrees of freedom
Multiple R-squared:  0.01338,	Adjusted R-squared:  -0.04734
F-statistic: 0.2203 on 4 and 65 DF,  p-value: 0.9262

> anova(lm(values ~ ind, stack.data))
Analysis of Variance Table

Response: values
          Df   Sum Sq Mean Sq F value Pr(>F)
ind        4   790094  197524  0.2203 0.9262
Residuals 65 58267850  896428
```

| 解 説 | 三つ以上の母集団からそれぞれ得られた標本をもとに，母平均の間に差があ

るかどうかを検定する方法は 1 元配置分散分析である.

まず head(data, 5) とすることで，店舗 A から店舗 E の 5 店舗それぞれの最初の 5 日間の売上高データを表示している．各店舗には 14 日間分のデータがあるため，全部で $5 \times 14 = 70$ のデータがあり，stack(data) とすることで，これら 70 のデータを縦に並べたデータを stack.data としている．

lm(values ~ ind, stack.data) は，売上高 values を基準変数とし，店舗 B から店舗 E を表すダミー変数 indB から indE を説明変数とした回帰分析を行うもので，得られた回帰式は以下のとおりである．

$$\text{values}_i = 10027.86 + 123.57 \times \text{indB}_i + 25.71 \times \text{indC}_i$$
$$+ 270.00 \times \text{indD}_i + 225.00 \times \text{indE}_i + e_i$$

上式で，例えば indB_i は stack.data の i 番目が店舗 B のデータであれば 1，そうでなければ 0 という値をとるダミー変数である．得られた回帰式の係数から，店舗 A の平均売上高は $\bar{Y}_A = 10027.86$ であること，店舗 B の平均売上高 $\bar{Y}_B$ は店舗 A の平均売上高よりも 123.57 大きいことなどがわかる．

anova(lm(values ~ ind, stack.data)) は，5 店舗 $S = \{A, B, C, D, E\}$ の間で売上高の母平均 $\mu_A, \ldots, \mu_E$ に差があるかどうかを 1 元配置分散分析によって検定した結果である．帰無仮説と対立仮説は以下のとおりである．

帰無仮説　$H_0 : \mu_A = \mu_B = \mu_C = \mu_D = \mu_E$

対立仮説　$H_1 :$ 上記以外

店舗 j の第 k 日の売上高を Y_{jk}，店舗 j の平均売上高を $\bar{Y}_j$ とし，全体の平均売上高を $\bar{\bar{Y}}$ とすると，検定統計量の値は

$$F = \frac{1}{5-1} \sum_{j \in S} 14(\bar{Y}_j - \bar{\bar{Y}})^2 \Bigg/ \frac{1}{70-5} \sum_{j \in S} \sum_{k=1}^{14} (Y_{jk} - \bar{Y}_j)^2 = 0.2203$$

である．Pr(>F) に示された p 値が $P(F > 0.2203) = 0.9262$ であるので帰無仮説は棄却されず，5 店舗の間で売上高の母平均に差があるとは言えない．

分散分析表

要因	平方和	自由度	平均平方	F 値
店舗	790094	4	197524	0.2203
残差	58267850	65	896428	
全体	59,057,944	69		

解答

1 元配置分散分析の結果，p 値は $p = .9262$ であり，5 店舗の間で売上高の母平均に差があるとは言えない．

| 問題 | 93 | 母比率に関する検定（統計ソフトウェア） | 標準 |

1　S市では，月に1冊以上本を読む市民の割合を6割以上にするという目標を掲げ，読書活動推進のため様々な施策に取り組んでいる．目標を達成できているかどうか調べるため，市民から400人を無作為に抽出し，読む本の冊数を尋ねたところ，月に1冊以上本を読むと回答したのは400人のうち251人であった．以下は，統計ソフトウェアのRを用いた検定結果である．この出力結果の内容を説明せよ．

```
> prop.test(251, 400, p=0.6, alternative="greater", correct=FALSE)

        1-sample proportions test without continuity correction

data:  251 out of 400, null probability 0.6
X-squared = 1.2604, df = 1, p-value = 0.1308
alternative hypothesis: true p is greater than 0.6
95 percent confidence interval:
 0.587006 1.0000000
sample estimates:
     p
0.6275
```

2　S市では，居住地域によって図書館の利用率に違いがあるかどうかを調べるため，町の北部の住民と南部の住民からそれぞれ500人ずつを無作為に抽出し，利用の有無を尋ねた．その結果，北部の住民では254人，南部の住民では289人が利用したことがあると回答した．以下は，利用率の差の有無を検定した結果である．この出力結果の内容を説明せよ．

```
> prop.test(c(254, 289), c(500, 500), correct=FALSE)

        2-sample test for equality of proportions without continuity correction

data:  c(254, 289) out of c(500, 500)
X-squared = 4.9365, df = 1, p-value = 0.0263
alternative hypothesis: two.sided
95 percent confidence interval:
 -0.131597275 -0.008402725
sample estimates:
prop 1 prop 2
 0.508  0.578
```

解説　最初の問題は母比率 p に関する片側検定を行ったものである．400人のうち月に1冊以上本を読む人の標本比率は sample estimates: に示されており，$\hat{p}=0.6275$ である．出力結果は，帰無仮説と対立仮説をそれぞれ

$$帰無仮説　H_0 : p \leq 0.6$$
$$対立仮説　H_1 : p > 0.6$$

としたカイ2乗検定の結果である．検定統計量の値としては

$$\chi^2 = 400 \times \frac{(\hat{p} - 0.6)^2}{0.6 \times (1 - 0.6)} = 400 \times \frac{(0.6275 - 0.6)^2}{0.6 \times (1 - 0.6)} = 1.2604$$

が示されている．自由度 $\mathrm{df} = 1$ のカイ 2 乗分布を用いると，p-value に示された p 値が $P(\chi^2 > 1.2604)/2 = 0.1308$ なので帰無仮説は棄却できない．なお帰無仮説が $\mathrm{H}_0 : p \leq 0.6$ かつ標本比率が $\hat{p} > 0.6$ なので，p 値の計算は $P(\chi^2 > 1.2604)/2$ として行われる．帰無仮説が $\mathrm{H}_0 : p \neq 0.6$ であれば，p 値は $P(\chi^2 > 1.2604) = .2616$ となる．

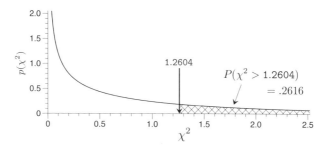

二番目の問題は二つの母比率の差に関する検定を行ったものである．北部の住民の利用率は prop 1 に $\hat{p}_{北部} = 0.508$ と示され，南部の利用率は prop 2 に $\hat{p}_{南部} = 0.578$ と示されている．出力結果は，

$$帰無仮説 \quad \mathrm{H}_0 : p_{北部} - p_{南部} = 0$$
$$対立仮説 \quad \mathrm{H}_1 : p_{北部} - p_{南部} \neq 0$$

としたカイ 2 乗検定の結果である．検定統計量の値としては，北部と南部を合わせた利用率が $\tilde{p} = (254 + 289)/(500 + 500) = 0.543$ なので

$$\chi^2 = 500 \times \frac{(\hat{p}_{北部} - \hat{p}_{南部})^2}{\tilde{p}(1 - \tilde{p}) + \tilde{p}(1 - \tilde{p})}$$
$$= 500 \times \frac{(0.508 - 0.578)^2}{0.543 \times (1 - 0.543) + 0.543 \times (1 - 0.543)} = 4.9365$$

が示されている．自由度 $\mathrm{df} = 1$ のカイ 2 乗分布を用いると，p-value に示された p 値が $P(\chi^2 > 4.9365) = 0.0263$ なので，有意水準 5％で帰無仮説は棄却される．つまり，北部の住民と南部の住民の間で図書館の利用率には差があると言える．

| 解 答 |

1　p 値は $p = .1308$ であり，母比率は 0.6 を超えているとは言えない．

2　p 値は $p = .0263$ であり，有意水準 5％で居住地域の間で利用率に差があると言える．

| 問題 | 94 | クロス表におけるカイ 2 乗検定（統計ソフトウェア） | 標準 |

　S 市では，年齢層によって 1 ヵ月に読む本の冊数が異なるかどうかを調べるため，無作為に抽出した住民 1,000 人を対象に調査を行った．その回答を集計したところ以下のとおりとなった．

	1 ヵ月に 5 冊以上	1 ヵ月に 1〜4 冊	全く 読まない	合計
20 歳代	69	33	18	120
30 歳代	85	46	29	160
40 歳代	86	53	23	162
50 歳代	88	47	32	167
60 歳代	92	49	36	177
70 歳代	70	31	23	124
80 歳代	48	23	19	90
合計	538	282	180	1,000

　以下は，統計ソフトウェアの R を用いた検定結果である．この出力結果の内容を説明せよ．

```
> (CT <- matrix(c(
+     69, 85, 86, 88, 92, 70, 48,
+     33, 46, 53, 47, 49, 31, 23,
+     18, 29, 23, 32, 36, 23, 19
+ ), ncol=3))
     [,1] [,2] [,3]
[1,]   69   33   18
[2,]   85   46   29
[3,]   86   53   23
[4,]   88   47   32
[5,]   92   49   36
[6,]   70   31   23
[7,]   48   23   19

> chisq.test(CT)

    Pearson's Chi-squared test
data:  CT
X-squared = 5.6177, df = 12, p-value = 0.9341
```

解　説　出力結果は，クロス表において年齢層（行）と 1 ヵ月に読む本の冊数（列）が独立かどうかを検定した結果である．帰無仮説は，行と列が独立であるというものである．つまり全ての i と j の組み合わせについて

$$\text{帰無仮説}\quad \mathrm{H}_0：p_{ij}=p_{i\cdot}\times p_{\cdot j}$$

が成り立つというものである．ただし $p_{i\cdot}$ は i 行の合計が全体に占める比率であり，$p_{\cdot j}$ は j 列の合計が全体に占める比率である．また p_{ij} は i 行 j 列が全体に占める比率である．

　帰無仮説が正しいときには，例えば 1 ヵ月に 5 冊以上本を読む 20 歳代の比率は，20 歳代の比率 $120/1{,}000=0.120$ と 1 ヵ月に 5 冊以上本を読む人の比率 $538/1{,}000=0.538$

とを用いて

$$\frac{120}{1{,}000} \times \frac{538}{1{,}000} = 0.120 \times 0.538 = 0.06456$$

となるはずであり，1,000 人のうちでは 64.56 人を占めるはずである．次の表は，帰無仮説が正しいときのクロス表の期待人数である．

	1 ヵ月に 5 冊以上	1 ヵ月に 1〜4 冊	全く 読まない	合計
20 歳代	64.56	33.84	21.60	120.00
30 歳代	86.08	45.12	28.80	160.00
40 歳代	87.16	45.68	29.16	162.00
50 歳代	89.85	47.09	30.06	167.00
60 歳代	95.23	49.91	31.86	177.00
70 歳代	66.71	34.97	22.32	124.00
80 歳代	48.42	25.38	16.20	90.00
合計	538.00	282.00	180.00	1,000.00

仮に帰無仮説が正しければ，上の期待人数と実際の人数との差は小さいはずである．そこで検定統計量の値としては，上に示した i 行 j 列の期待人数 $\hat{N}_{ij}$ と実際の人数 N_{ij} との差を用いた

$$\chi^2 = \sum_{i=1}^{7} \sum_{j=1}^{3} \frac{(N_{ij} - \hat{N}_{ij})^2}{\hat{N}_{ij}} = \frac{(69 - 64.56)^2}{64.56} + \cdots + \frac{(19 - 16.20)^2}{16.20} = 5.6177$$

が示されている．クロス表が 7 行 3 列なので，検定には自由度 $\mathrm{df} = (7-1) \times (3-1) = 12$ の χ^2 分布を用いる．

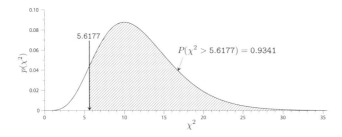

出力結果の p-value に示された p 値が $P(\chi^2 > 5.6177) = 0.9341$ であるので，帰無仮説は棄却できない．つまり行と列が独立ではないとは言えず，年齢層によって 1 ヵ月に読む本の冊数に違いがあるとは言えないということになる．

解 答

カイ 2 乗検定の結果，p 値は $p = .9341$ であり，年齢層によって 1 ヵ月に読む本の冊数に違いがあるとは言えない．

| 問題 | 95 | 回帰分析（統計ソフトウェア） | 標準 |

　S市では中学生の学力向上を図るため，市内の北部と南部の中学生を対象に学力調査を実施するとともに，自宅にある本の冊数も回答してもらった．以下は統計ソフトウェアのRを用いて，学力調査の得点を基準変数，地域を説明変数あるいは本の冊数と地域の両方を説明変数として回帰分析を行った結果である．この出力結果の内容を説明せよ．

```
> head(Data, 4)
  score books area
1    51    42 北部
2    69    63 南部
3    27    38 北部
4    66   128 南部

> summary(lm(score ~ factor(area), Data))

Call:
lm(formula = score ~ factor(area), data = Data)

Residuals:
    Min      1Q  Median      3Q     Max
-46.224  -8.864   0.136   8.776  46.136

Coefficients:
                Estimate Std. Error t value Pr(>|t|)
(Intercept)      49.8640     0.8311  59.996   <2e-16 ***
factor(area) 南部   2.3600     1.1754   2.008   0.0452 *
---
Signif. codes:  0 '***' 0.001 '**' 0.01 '*' 0.05 '.' 0.1 ' ' 1

Residual standard error: 13.14 on 498 degrees of freedom
Multiple R-squared: 0.00803,      Adjusted R-squared:  0.006039
F-statistic: 4.032 on 1 and 498 DF,  p-value: 0.0452

> summary(lm(score ~ books + factor(area), Data))

Call:
lm(formula = score ~ books + factor(area), data = Data)

Residuals:
    Min      1Q  Median      3Q     Max
-34.835  -7.254  -0.691   7.447  29.776

Coefficients:
                Estimate Std. Error t value Pr(>|t|)
(Intercept)     34.84369    1.07650  32.367   <2e-16 ***
books            0.23766    0.01353  17.559   <2e-16 ***
factor(area) 南部  1.14697    0.92686   1.237    0.216
---
Signif. codes:  0 '***' 0.001 '**' 0.01 '*' 0.05 '.' 0.1 ' ' 1

Residual standard error: 10.33 on 497 degrees of freedom
Multiple R-squared: 0.3878,      Adjusted R-squared:  0.3854
F-statistic: 157.4 on 2 and 497 DF,  p-value: < 2.2e-16
```

解 説 データ Data には学力調査の得点 score，自宅にある本の冊数 books，地域 area の 3 変数が含まれている．

まず lm(score ~ factor(area), Data) は，学力調査の得点 score を基準変数とし，地域 factor(area) を説明変数とした単回帰分析を行うもので，得られた回帰式は

$$得点_i = 49.8640 + 2.3600 \times 南部_i + e_i$$

である．ただし上式の 南部$_i$ は，生徒 i が北部であれば 0，南部であれば 1 という値をとる変数である．回帰係数の値から北部の平均得点は 49.8640 であり，南部は北部と比べて平均得点が 2.3600 高いことがわかる．北部と南部の平均得点は，factor(area) 南部の回帰係数の p 値が $p = .0452$ であるので 5 ％水準で有意に異なると言える．ただし Multiple R-squared に示された決定係数の値は $R^2 = 0.00803$ なので，地域と得点の間にはほとんど関係がない．

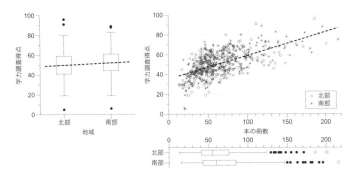

次に lm(score ~ books + factor(area), Data) は，自宅にある本の冊数 books と地域 factor(area) を説明変数とした重回帰分析を行うもので，得られた回帰式は

$$得点_i = 34.84369 + 0.23766 \times books_i + 1.14697 \times 南部_i + e_i$$

である．本の冊数 books の回帰係数は 0.23766 であり，p 値は $p<$2e-16 なので，回帰係数の値は有意に 0 ではない．つまり，自宅の本が 1 冊多いと学力調査の得点は平均的に 0.23766 高いことになる．factor(area) 南部の回帰係数は 1.14697 であるが，p 値は $p = 0.216$ であり，回帰係数の値は 0 でないとは言えない．地域のみを説明変数とした回帰分析では有意な地域差が見られたが，それは本の冊数が地域の間で異なっていたためである．なお，Multiple R-squared に示された決定係数の値は $R^2 = 0.3878$ であり，自宅にある本の冊数と学力調査の得点の間には相関が見られると言える．

解 答

自宅にある本が 1 冊多いと学力調査の得点は平均的に 0.23766 高く，本の冊数の違いを取り除くと北部と南部の間で平均得点に違いは見られない．

問題	96	線形モデル・プログラムの利用と解釈	標準

問題 67 の表の車の速度 x (speed) と停止距離 y (dis) のデータを用いて,

$$y_i = \alpha + \beta x_i + \varepsilon_i \quad (i = 1, \ldots, n)$$

という単回帰モデルの適用を考える. ソフトウェア R を用いて,

```
linear.fit <- lm(dist ~ speed, data=mydata)
summary(linear.fit)
```

という入力に対して, 次の結果が出力された.

```
Call:
lm(formula = dist ~ speed, data = mydata)
Residuals:
    Min      1Q  Median      3Q     Max
-19.933  -8.184  -3.723   8.711  38.119
Coefficients:
            Estimate Std. Error t value Pr(>|t|)
(Intercept)  -8.5921     8.7274  -0.984    0.336
speed         3.0263     0.5792   5.225 3.53e-05 ***
---
Signif. codes: 0 '***' 0.001 '**' 0.01 '*' 0.05 '.' 0.1 ' ' 1
Residual standard error: 13.51on   21 degrees of freedom
Multiple R-squared:  0.5652,       Adjusted R-squared:  0.5445
F-statistic:  27.3 on 1 and 21 DF,  p-value: 3.531e-05
```

　上の出力の結果から読み取れる情報を記述せよ.

解 説　回帰分析を行うためのソフトウェアは非常に多く, フリーソフトウェア R が有力な候補の 1 つである. データを mydata というデータフレームに格納されているとして, 線形回帰モデル

$$y_i = \alpha + \beta x_i + \varepsilon_i$$

を適用するためには,

```
linear.fit <- lm(formula = y ~ x, data = mydata)
```

と入力すればよい. 得られた結果 linear.fit に含まれる情報を取り出すため, 様々な関数が用意されている. 以下のように,

```
summary(linear.fit)
```

summary() 関数の適用により, 最小二乗推定量の他, 推定量の統計的有意性, モデル自体の良さを示す指標などが含まれている.

解答 この出力から読み取れる主な情報は以下の通りである.

(1) Coefficient - Estimate:
各値は最小二乗推定量を示している. 求められた値により, 次の予測式を構築できる.

$$\text{dist} = -8.5921 + 3.0263 \times \text{speed}$$

この式から, 時速が1マイル速くなると, 停止距離は約3フィート長くなることを示唆している. 切片−8.5921 は速度と距離の換算のための調整項と思えばよい.

(2) Coefficient - Standard Error:
推定量の標準偏差を示していて, この値が小さければ推定量の信頼性が高いことを示す. 標準偏差は信頼区間の構築や仮説検定を行うときに必要な情報である.

(3) Coefficient - t value:
この値は推定量が0より標準偏差の何倍離れているかを示している. 例えば, $0.5792 \times 5.225 = 3.0263$ より, $\hat{\beta}$ の t-値は 5.225 となる. t-値が大きいほど変数の効果が大きいことを示す.

(4) Coefficient - Pr(>|t|):
パラメータの有意性を示す p 値である. p 値はパラメータの真の値がゼロと仮定したとき (帰無仮説), t 統計量の絶対値が観測された値を超える確率である. p 値が小さいほど, 帰無仮説を支持しなくなり, 回帰係数が有意となる証拠が強くなる. speed に対応する推定量 3.0263 の p 値 3.53e-05($= 3.53 \times 10^{-5}$) は 1% よりも小さく, 速度は停止距離に対して高度に有意な説明変数であることを示している.

(5) Multiple R-squared:
速度と停止距離の相関係数 (0.7518) の二乗 ($0.5652 = 0.7518^2$) であり, 停止距離の分散の約57% が速度によって説明させることを意味する. この値が大きいければ回帰モデルがより妥当であることを示す.

(6) F − statistic:
分散分析により線形モデルの当ては目の良さを示している. p 値が 3.531e − 051% よりも小さいので, 線形モデルの妥当性を示している.

| 問題 | 97 | 分割表・カイ 2 乗検定 | 標準 |

R のパッケージ MASS に Cars93 という, 1993 年アメリカで販売された新車に関する
データフレームが含まれている (Lock (1993), https://doi.org/10.1080/10691898.
1993.11910459). このデータフレームは合計 93 台の車の購入情報に関するもので
あるが, 購入者の属性 (アメリカ人と非アメリカ人) と車両のタイプを集計したも
のを次の表に表している.

車購入者の属性と車のタイプ

属性 タイプ	USA	non-USA	合計
Compact	7	9	16
Large	11	0	11
Midsize	10	12	22
Small	7	14	21
Sporty	8	6	14
Van	5	4	9
合計	48	45	93

このデータに基づいて, アメリカ人は大きい車が好きか,「購入者の属性と車両の
タイプが独立である」という帰無仮説に対するカイ 2 乗検定を用いて説明せよ.

解 説 **カイ 2 乗検定** (chi-squared test) はカール・ピアソンが 1900 年に発表され
たもので, **適合度検定** (goodness-of-fit test) の一種であり, 統計科学における 1 つの重
要なブレークスルーとされている.

ある母集団を k 個の互いに排反なクラスに分割されている状況を考える. 例えば, 血
液型であれば, ヒトの場合は, A, B, O, AB の 4 型 (クラス) に分類される. この k
個のクラスにおける母集団の分布を $p_1, \ldots, p_k$ と仮定する. すなわち, 母集団から無作
為に抽出される標本が i 番目のクラスに属する確率は p_i である. いま, 母集団から n 個
の無作為標本が抽出されたとき, 上に仮定した帰無仮説の下では, i 番目のクラスに属す
る標本数は $m_i = np_i$ と期待される. 帰無仮説が成り立つならば, 期待度数 m_i と観測度
数 n_i の差は小さくなる. この観察に基づいて, ピアソンは次の

$$\chi^2 = \sum_{i=1}^{k} \frac{(n_i - m_i)^2}{m_i} = \sum_{i=1}^{k} \frac{n_i^2}{m_i} - n \tag{1}$$

検定統計量 χ^2 を定義した. n が大きいとき, χ^2 は近似的に自由度 $k-1$ のカイ 2 乗分
布に従うことが示される.

　問題の表のように，2 つの要因がいくつかのレベルに分かれていて，対応するクラス（セル）の度数を示したものを分割表という．この問題はカイ 2 乗統計量 (1) を用いて，分割表における独立性の検定への適用である．

解答

　r 行 c 列の分割表について考える．n_{ij} を i 行 j 列における度数とし，周辺度数を

$$n_{i\bullet} = \sum_{j=1}^{c} n_{ij}, \qquad n_{\bullet j} = \sum_{i=1}^{r} n_{ij}$$

とする．周辺度数を標本数で割ったもの，$p_{i\bullet} = n_{i\bullet}/n$，$p_{\bullet j} = n_{\bullet j}/n$，が周辺分布である．$i$ 行 j 列における真の確率を p_{ij} とすると，表と列が独立であるという帰無仮説は，

$$H_0: \quad p_{ij} = p_{i\bullet}p_{\bullet j} \qquad (i = 1, \ldots, r, \; j = 1, \ldots, c)$$

で表現される．仮説 H_0 の下で，i 行 j 列に属するデータ数の期待値が $m_{ij} = np_{i\bullet}p_{\bullet j}$ となる．このときのカイ 2 乗統計量は

$$\chi^2 = \sum_{i=1}^{r} \sum_{j=1}^{c} \frac{(n_{ij} - m_{ij})^2}{m_{ij}}$$

となり，適当な条件の下で，χ^2 は近似的に自由度 $(r-1) \times (c-1)$ のカイ 2 乗分布に従う．
　R を用いて，次のように入力すれば，

```
chisq.test(Cars93$Type, Cars93$Origin)
```

カイ 2 乗検定の結果が次のように得られる．

```
Warning message in chisq.test(Cars93$Type, Cars93$Origin):
 "Chi-squared approximation may be incorrect"

        Pearson's Chi-squared test

data:  Cars93$Type and Cars93$Origin
X-squared = 14.08, df = 5, p-value = 0.01511
```

　p 値が小さいことから車両のタイプと購買者の属性の独立性が棄却され，「アメリカ人は大きい車が好き」という仮説が支持される．カイ 2 乗検定は近似的な検定法である．分割表において，1 つでもセルの度数が 5 以下であれば，`chisq.test()` が警告メッセージを出力することになっている．

問題	98	分割表・Fisher の正確確率検定	標準

R のパッケージ MASS に Cars93 という，1993 年アメリカで販売された新車に関するデータフレームが含まれている（前問題と同じデータである．Lock (1993), https://doi.org/10.1080/10691898.1993.11910459）．このデータフレームは合計93 台の車の購入情報に関するものであるが，購入者の属性（アメリカ人と非アメリカ人）と車両のタイプを集計したものを次の表に表している．

車購入者の属性と車のタイプ

タイプ ＼ 属性	USA	non-USA	合計
Compact	7	9	16
Large	11	0	11
Midsize	10	12	22
Small	7	14	21
Sporty	8	6	14
Van	5	4	9
合計	48	45	93

このデータに基づいて，アメリカ人は大きい車が好きか，「購入者の属性と車両のタイプが独立である」という帰無仮説に対する Fisher の正確確率検定を用いて説明せよ．

解　説　分割表における行と列の関連性の有無に関して，カイ 2 乗検定がよく用いられるが，標本数が小さい（度数が 10 未満のセルがある）場合や，セルの度数の偏りが大きい場合には，カイ 2 乗検定の精度がよくない．一方，Fisher の**正確確率検定**は名前の通り正確な検定法である．特にデータ数が少ないときに推奨される検定法である．正確確率検定法を説明するため，次の 2×2 の分割表を考えよう．

英語の好き嫌い ＼ 文理の別	理系	文系	行合計
英語が好き	1 (a)	9 (b)	10 (a+b)
英語が嫌い	11 (c)	3 (d)	14 (c+d)
列合計	12 (a+c)	12 (b+d)	24 (a+b+c+d)

この表では英語が好きな文系学生が多く，英語が嫌いな理系学生が多いが，この傾向が偶然かどうかを知りたい．すなわち，「理系学生に比べて英語が好きな文系学生が多い」という仮説が上の表から支持されるかどうかを検定する問題を考えたい．

大きさ N の有限母集団の中にある特徴をもつ個体数を K とする．この母集団から n 回非復元抽出を行ったとき，特徴をもつ個体数が k となる確率は，次の超幾何分布で表現される．

$$P(X=k) = \frac{\binom{K}{k}\binom{N-K}{n-k}}{\binom{N}{n}}$$

Fisher は，特定の分割表が観測される確率 p が

$$p = \frac{\binom{a+b}{a}\binom{c+d}{c}}{\binom{n}{a+c}} = \frac{\binom{a+b}{b}\binom{c+d}{d}}{\binom{n}{b+d}}$$
$$= \frac{(a+b)!\ (c+d)!\ (a+c)!\ (b+d)!}{a!\ b!\ c!\ d!\ n!} \tag{1}$$

となることを示した．これは周辺和が一定のときの超幾何確率である．

解 答

正確確率の計算には階乗が含まれるため時間がかかる場合が多い．正確確率 (1) は，「母集団における理系と文系それぞれの英語好き・英語嫌いの人数の割合は等しい」という帰無仮説の下で，特定の分割表が得られる正確な確率を与えている．R を用いて正確確率検定を行うには，関数 `fisher.test()` を用いて，次のように入力すればよい．

```
fisher.test(Cars93$Type, Cars93$Origin)

Fisher's Exact Test for Count Data

data:  Cars93$Type and Cars93$Origin
p-value = 0.007248
alternative hypothesis: two.sided
```

得られた `p-value = 0.007248` は，観測された分割表に対し，観測され得る値の全出現パターンの生起確率をそれぞれ超幾何分布 (1) にて計算し，それらの中で観測された分割表の生起確率よりも小さい生起確率を有する分割表の生起確率の和である．一般の検定と同様，p 値が小さいければ帰無仮説（行と列が無関係）が疑われる．いまの場合の p 値は 5% よりも小さいので，行と列が関係があり，すなわち，「アメリカ人は大きい車が好き」と言えよう．

| 問題 | 99 | 時系列データ・コレログラム | 標準 |

次の表では，1980 年から 1994 年までの日本の GDP（四半期データ；単位：10 億円）の推移を表すものである（https://www.esri.cao.go.jp/jp/sna/data/data_list/h23_retroactive/23kani_top.html, 名目原系列）．

1980 年から 1994 年までの日本の GDP（四半期データ）の推移

	Q1	Q2	Q3	Q4
1980	56706.20	59059.70	62708.20	72162.10
1981	62223.10	64413.10	66740.30	75454.20
1982	65949.30	67633.60	70042.40	78956.70
1983	68613.70	70717.10	73467.20	82505.90
1984	72326.80	75227.60	78147.00	87443.90
1985	76973.70	80101.20	83017.80	93593.40
1986	82286.90	84123.90	86977.10	96956.90
1987	85024.20	87092.30	91146.50	103076.10
1988	93102.10	93215.00	98053.50	109270.80
1989	99890.30	99307.70	104163.00	118108.40
1990	105692.40	108342.90	113726.00	125847.10
1991	115047.70	116119.80	119159.20	132518.60
1992	119545.10	119681.40	122309.00	133520.20
1993	121171.10	119264.60	120931.10	133924.10
1994	120796.30	122571.10	123429.80	134740.50

以下の問いに答えよ．

(1) 時系列データを図示し，またコメントせよ．
(2) 自己相関係数を求めよ．
(3) コレログラムを描き，またコメントせよ．

解 説   自己相関（autocorrelation）とは，信号などの時系列データ X_t が別の時点での時系列との相関係数である．

$$R(t, s) = \frac{E[(X_t - E[Y_t])(X_s - E[Y_s])]}{\sqrt{V[Y_t]V[Y_s]}}$$

自己相関を信号に含まれる繰り返しパターンを探索するときに使用することが多い．このとき，時系列データ X_t と自身を時間シフトした時系列 X_{t-h} との相関係数は

$$R(h) = \frac{E[(X_t - E[Y_t])(X_{t-h} - E[Y_{t-h}])]}{\sqrt{V[Y_t]V[Y_{t-h}]}}$$

と定義され，（タイム）ラグ h のみに依存する．異なるラグについて自己相関係数を計算し，横軸にラグ，縦軸に相関係数をとったグラフを**コレログラム**（correlogram）という．コレログラムを見れば，データが周期性をもつかどうかをすぐに判明できる．

標本平均と標本自己共分散を，$\bar{y} = n^{-1} \sum_{t=1}^{n} y_t,\quad C_h = n^{-1} \sum_{t=h+1}^{n} (y_t - \bar{y})(y_{t-h} - \bar{y})$ とすると，$R(h)$ は標本自己相関関数 $\widehat{R}(h) = C_h/C_0$ で推定できる．

解 答

(1) 解析を行う前に時系列データの図示が重要である．左図は問題の表をグラフにしたものである．GDP は右肩上がりに伸びており，また周期性も読み取れる．

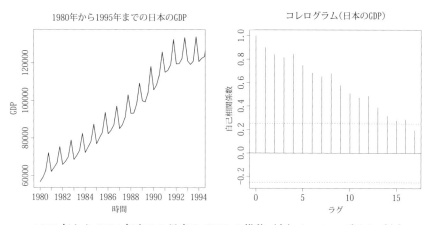

1980 年から 1994 年までの日本の GDP の推移（左）とコレログラム（右）

(2) R の標準関数 acf() を用いた自己相関係数の計算結果は以下の通りである．

ラグ	0	1	2	3	4	5	6	7	8	9	10
相関	1.00	0.89	0.84	0.81	0.84	0.73	0.68	0.65	0.67	0.56	0.50

(3) R の標準関数 acf() を用いたコレログラムは上の右図の通りである．自己相関は時間と共に減衰していくが，どのラグに対しても強い相関が見られる．また，$h = 4, 8, 12, 16$ に対応する自己相関の値が大きく，データが四半期であることによる周期性を示唆する．

| 問題 | *100* | 時系列データの変動分解 | 標準 |

(1) 問題 99 の表では，1980 年から 1994 年までの日本の GDP（四半期データ；単位：10 億円）データを表している．フリーウェア R を用いて，GDP データを傾向変動，季節変動，誤差変動に分解し，得られた結果を図示せよ．

(2) 上で得られた結果について吟味せよ．

解 説　経済時系列データ y_t を，傾向（トレンド）変動 T_t，季節変動 S_t によって

$$y_t = T_t + S_t + \varepsilon_t, \quad t = 1, \ldots, n \tag{1}$$

と分解できることが多い．ここで，ε_t は傾向変動と季節変動だけでは説明が付かない誤差項である．式 (1) は加法的分解ともいう．時系列データに対数変換を施してから，加法的分解 (1) を適用することも考えられる．傾向を抽出する方法として，**移動平均法**（moving average）や指数平滑法があるが，移動平均法が最も一般的である．t 時点における移動平均 $\widehat{T}_t$ は，y_t の前後 $2k+1$ 個の点からなるデータの平均である．すなわち，

$$\widehat{T}_t = \frac{1}{2k+1} \sum_{s=t-k}^{t+k} y_s \tag{2}$$

ここで，k は予め決められた整数である．式 (2) を $(2k+1)$ 項移動平均と呼ぶ．GDP データは四半期データなので，4 回で循環することが予想されるため，4 項平均が適切であるが，実際の計算で $k=2$ とし，5 項平均を適用するのが考えられる．

次に季節変動 S_t の推定を考える．周期が d の時系列であれば，

$$S_t = S_{t+d}, \qquad \sum_{t=1}^{d} S_t = 0$$

を満たすことに注意する．元のデータから傾向変動を取り除き，$\widetilde{S}_t = y_t - \widehat{T}_t$ を計算する．$\widetilde{S}_t$ には，季節変動と誤差が含まれる．$\widetilde{S}_t$ から特定の期間の平均を計算する．月データであれば毎月の平均を計算し，計 12 個の月平均を得る．四半期データであれば，計 4 個の平均値を得る．最後にこれらの平均値から全体の平均を引き，季節変動の推定量 $\widehat{S}_t$ を得る．最後に，$\widehat{\varepsilon}_t = y_t - \widehat{T}_t - \widehat{S}_t$ により残差を計算する．

解 答

(1) R には時系列解析のために多くの標準的な関数が備わっている．元の時系列データを gdp に格納させて，ts() 関数を用いて，時系列形式に変換させる．

```
> (gdp <-ts(gdp,start=1980,freq=4))
          Qtr1     Qtr2     Qtr3     Qtr4
1980   56706.2  59059.7  62708.2  72162.1
1981   62223.1  64413.1  66740.3  75454.2
1982   65949.3  67633.6  70042.4  78956.7
 (以下省略)
```

次のように decompose() 関数を用いて，加法分解モデル (1) を適用し，時系列を分解させる．

```
decomposedRes <- decompose(gdp, type="additive")
# use type = "mult" for multiplicative components
# use type = "additive" for additive components
plot (decomposedRes)
```

decompose() 関数は，まず元のデータから移動平均を計算し，これをデータから除去する．次に，各期の季節成分を平均により計算され，全ての季節成分の和がゼロとなるように中心化を行う．最後に移動平均（トレンド）と季節成分を引いて，残差を計算する．得られた図は以下の通りである．

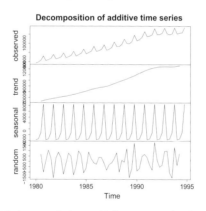

1980 年から 1994 年までの日本の GDP データの加法分解

(2) GDP のトレンド（上の図の上から 2 番目）から，GDP はほぼ直線的に増加していて，90 年年代に入ってからやや頭打ちになっていることがわかる．また四半期データであるため，規則的な周期性がある．また，残差からみると，GDP の値が大きいとき誤差（ばらつき）も大きくなっていることがわかる．

Tea Time ・・・・・ 実験の計画が重要である：円周率の推定の場合

　データを要約したら，データを支配する法則を推量したりする方法論の構築が統計学の使命である．しかし，統計的方法論の選択よりも，まず質の高いデータの取得がより重要であることを肝に銘じてほしい．ここで円周率 π を未知の定数として，π を推定する問題を通して実験計画の重要性を考えよう．

同じ高さのマグカップ

半径 r, 高さ h の円柱状のマグカップの容積は

$$V_c = 底面積 \times 高さ = (\pi r^2) \times h$$

となるので，円周率は

$$\pi = \frac{V_c}{hr^2}$$

となる．しかし，容積 V_c が分からないので，次のように間接的に V_c を測る．

　下の写真は，横幅 $a = 95\,\mathrm{mm}$, 縦幅 $b = 110\,\mathrm{mm}$, 一丁 $400\,\mathrm{g}$ 入れの豆腐容器である．マグカップにある満杯の水を豆腐容器にいれ，水の深さ $X\,(\mathrm{mm})$ を測る．豆腐容器内の水の体積は

$$V_t = a \times b \times X \qquad (\mathrm{mm}^3)$$

であり，これがマグカップの容積 V_c の間接的な測定値と見なせる．

　上の議論により，円周率の推定値として

$$\hat{\pi} = \frac{V_t}{hr^2} = \frac{ab}{hr^2}X$$

を得る．X 以外を定数として，$\hat{\pi}$ の精度を表す標準偏差は

$$\sqrt{\mathrm{V}(\hat{\pi})} = \sqrt{\frac{a^2b^2}{h^2r^4}\mathrm{V}(X)} \propto 1/r^2$$

となり，マグカップの半径の 2 乗に応じて減少する．したがって，円周率のよい推定量を得るため，できるだけ大口のマグカップを使うべき

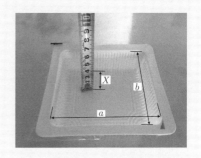

一丁 $400\,\mathrm{g}$ 入れの豆腐容器

であることがわかる．下の表は，上の写真の 2 つのマグカップを使った実験結果を纏めたものである．大口のカップを使った場合，一桁の精度向上が見られた．

大小のマグカップによる円周率の推定値の比較

マグカップ	半径 r	深さ h	水の深さ X	$\hat{\pi} = \frac{ab}{hr^2}X$
小口カップ	36	79	31	$\frac{323950}{102384} \approx 3.164$
大口カップ	41	79	40	$\frac{418000}{132799} \approx 3.148$

索　引

■著者紹介

わん　じんふぁん
汪　金芳

1963 年　中国に生まれ
1994 年　千葉大学大学院自然科学研究科 博士後期課程中途退学
1994 年　統計数理研究所領域統計研究系助手
理学博士
現在　　横浜市立大学データサイエンス学部教授
　　　　横浜市立大学データサイエンス学部長
　　　　横浜市立大学データサイエンス専攻長

　主な著書
　　『計算統計 I　確率計算の新しい手法（統計科学のフロンティア 11）』岩波書店，
　　2003，共著
　　Numerical Methods for Nonlinear Estimating Equations, Oxford University
　　Press, 2003, 共著
　　『ブートストラップ入門』共立出版，2011，共著
　　『一般化線形モデル（統計解析スタンダード）』朝倉書店，2016

お　の　　ようこ
小野　陽子

東京理科大学大学院工学研究科経営工学専攻 博士後期課程修了
博士（工学）
現在，横浜市立大学データサイエンス学部准教授

　主な著書
　　『データサイエンス設計マニュアル』オライリー・ジャパン，2020，監訳
　　『応用 Mathematica』新紀元社，2004，訳

こいずみ　　かずゆき
小泉　和之

東京理科大学大学院理学研究科数学専攻 博士後期課程修了
博士（理学）
現在，横浜市立大学データサイエンス学部准教授

　主な著書
　　『統計モデルと推測（データサイエンス入門シリーズ）』講談社，2019，共著

<ruby>田栗<rt>た ぐり</rt></ruby> <ruby>正隆<rt>まさたか</rt></ruby>

東京大学大学院医学系研究科健康科学・看護学専攻 博士課程修了
博士（保健学）
現在，横浜市立大学データサイエンス学部教授

主な著書
『放射線 必須データ 32 被ばく影響の根拠』創元社，2016，分担執筆
Frontiers of Biostatistical Methods and Applications in Clinical Oncology,
Springer，2017，分担執筆

<ruby>土屋<rt>つち や</rt></ruby> <ruby>隆裕<rt>たかひろ</rt></ruby>

東京大学大学院教育学研究科教育心理学専攻 博士課程中途退学
博士（教育学）
現在，横浜市立大学データサイエンス学部教授

主な著書
『社会教育調査ハンドブック』文憲堂，2005
『概説 標本調査法』朝倉書店，2009

<ruby>藤田<rt>ふじ た</rt></ruby> <ruby>慎也<rt>しん や</rt></ruby>

東京理科大学大学院理学研究科数学専攻 博士後期課程修了
博士（理学）
現在，横浜市立大学データサイエンス学部准教授

主な著書
『IT Text 離散数学』オーム社，2010，共著

じゃくてんこくふく だいがくせい とうけいがく
弱点克服 大学生の統計学

ⓒ Jinfang Wang, Yoko Ono, Kazuyuki Koizumi, Masataka Taguri,
Takahiro Tsuchiya, Shinya Fujita 2020

2020 年 5 月25日　第 1 刷発行　　Printed in Japan

著者　汪　金芳・小野陽子・小泉和之
田栗正隆・土屋隆裕・藤田慎也

発行所　東京図書株式会社
〒102-0072 東京都千代田区飯田橋 3-11-19
振替 00140-4-13803 電話 03(3288)9461
http://www.tokyo-tosho.co.jp

ISBN 978-4-489-02337-8

大学 1・2 年生のためのすぐわかる微分積分 ●石綿夏委也 著‥‥‥‥ A5 判

大学 1・2 年生のためのすぐわかる線形代数 ●石綿夏委也 著‥‥‥‥ A5 判

大学 1・2 年生のためのすぐわかる微分方程式 ●石綿夏委也 著‥‥‥ A5 判

改訂版 大学 1・2 年生のためのすぐわかる数学 ●江川博康 著‥‥‥ A5 判

大学 1・2 年生のためのすぐわかる物理 ●前田和貞 著‥‥‥‥‥‥‥ A5 判

大学 1・2 年生のためのすぐわかる演習物理 ●前田和貞 著‥‥‥‥‥ A5 判

大学 1・2 年生のためのすぐわかる有機化学 ●石川正明 著‥‥‥‥‥ B5 判

改訂版 大学 1・2 年生のためのすぐわかる生物 ●大森茂 著‥‥‥‥ A5 判

大学 1・2 年生のためのすぐわかる演習生物 ●大森茂 著‥‥‥‥‥‥ A5 判

大学 1・2 年生のためのすぐわかるドイツ語 ●宍戸里佳 著‥‥‥‥‥ A5 判

大学 1・2 年生のためのすぐわかるドイツ語 読解編 ●宍戸里佳 著 A5 判

大学 1・2 年生のためのすぐわかるフランス語 ●中島万紀子 著‥‥‥ A5 判

大学 1・2 年生のためのすぐわかるスペイン語 ●廣康好美 他 著‥‥‥ A5 判

改訂版 大学 1・2 年生のためのすぐわかる中国語 ●殷文怡 著‥‥‥ A5 判

大学 1・2 年生のためのすぐわかる心理学 ●坂上裕子 他 著‥‥‥‥‥ A5 判